少年趣味科学丛书

U0742201

奇妙的航天

QI MIAO DE HANG TIAN

詹以勤 主编

李龙臣 王月娥 著

广西科学技术出版社

图书在版编目（CIP）数据

奇妙的航天 / 李龙臣，王月娥著. — 2 版. — 南宁：
广西科学技术出版社，2012.6（2020.6 重印）
（少年趣味科学丛书）
ISBN 978-7-80565-672-4

Ⅰ. ①奇… Ⅱ. ①李… ②王… Ⅲ. ①航天—少年读物
Ⅳ. ① V4-49

中国版本图书馆 CIP 数据核字（2012）第 137996 号

少年趣味科学丛书

奇妙的航天

李龙臣　王月娥　著

责任编辑	赖铭洪	**封面设计**	叁壹明道
责任校对	陈业槐	**责任印制**	韦文印

出 版 人 卢培钊

出版发行 广西科学技术出版社

　　　　　（南宁市东葛路 66 号　邮政编码 530023）

印　　刷 永清县晔盛亚胶印有限公司

　　　　　（永清县工业区大良村西部　邮政编码 065600）

开　　本	700mm×950mm　1/16
印　　张	10.875
字　　数	142 千字
版　　次	2012 年 6 月第 2 版
印　　次	2020 年 6 月第 8 次印刷
书　　号	ISBN 978-7-80565-672-4
定　　价	21.80 元

本书如有倒装缺页等问题，请与出版社联系调换。

代序 致21世纪的主人

钱三强

时代的航船已进入 21 世纪。在这时期，对我们中华民族的前途命运，是个关键的历史时期。现在 10 岁左右的少年儿童，到那时就是驾驭航船的主人，他们肩负着特殊的历史使命。为此，我们现在的成年人都应多为他们着想，为把他们造就成 21 世纪的优秀人才多尽一份心，多出一份力。人才成长，除了主观因素外，在客观上也需要各种物质的和精神的条件，其中，能否源源不断地为他们提供优质图书，对于少年儿童，在某种意义上说，是一个关键性条件。经验告诉人们，往往一本好书可以造就一个人，而一本坏书则可以毁掉一个人。我几乎天天盼着出版界利用社会主义的出版阵地，为我们 21 世纪的主人多出好书。广西科学技术出版社在这方面作出了令人欣喜的贡献。他们特邀我国科普创作界的一批著名科普作家，编辑出版了大型系列化自然科学普及读物——《少年科学文库》（以下简称《文库》）。《文库》分"科学知识""科技发展史"和"科学文艺"三大类，约计100种。《文库》除反映基础学科的知识外，还深入浅出地全面介绍当今世界最新的科学技术成就。现在科普读物已有不少，而《文库》这批读物特别有魅力，主要表现在观点新、题材新、角度新和手法新、内容丰富、覆盖面广、插图精美、形式活泼、语言流畅、通俗易懂，富于科学性、可读性、趣味性。因此，说《文库》是开启科技知识宝库的钥匙，缔造21世纪人才的摇篮，并不夸张。《文库》将成为中国少年朋友增长知识、发展智慧、促进成才的亲密朋友。

亲爱的少年朋友们，当你们走上工作岗位的时候，呈现在你们面前的将是一个繁花似锦的、具有高度文明的时代，也是科学技术高度发达的崭新时代。现代科学技术发展速度之快、规模之大、对人类社会的生产和生活产生影响之深，都是过去无法比拟的。我们的少年朋友，要想胜任驾驭时代的航船，就必须从现在起努力学习科学，增长知识，扩大眼界，认识社会和自然发展的客观规律，为建设有中国特色的社会主义而艰苦奋斗。

我真诚地相信，在这方面，《文库》将会对你们提供十分有益的帮助。同时我衷心地希望，你们一定要为当好21世纪的主人，知难而进、锲而不舍，从书本、从实践吸取现代科学知识的营养，使自己的视野更开阔、思想更活跃、思路更敏捷、更加聪明能干，将来成长为杰出的人才和科学巨匠，为中华民族的科学技术实现划时代的崛起，为中国迈入世界科技先进强国之林而奋斗。

亲爱的少年朋友，祝愿你们在21世纪的航程中充满闪光的成功之标。

这本书告诉我们什么

　　这是一本普及航天知识的书。航天知识，丰富极了，它既奇又妙，真是个奇妙的航天！可有趣啦。这里有我们的祖先发明的火箭和第一次用火箭做动力飞行的历史故事；有关于"宇宙哥伦布"的生动介绍；有进入太空和从太空返回的技术知识；有运载火箭的过去、现在和将来；有趣味横生的太空生活；有人造地球卫星的种种用途；有航天器探测太阳、行星、卫星、彗星、小行星和天文知识的丰富多彩的应用；更有未来的诱人的宇宙航行，那会使你跃跃欲试，恨不能马上就进行；还有神秘的不明飞行物（UFO）和外星人；当然，还有航天事业的另一面——威胁人类的核导弹和"星球大战"。啊，这本书将把你带进奥妙无穷的宇宙。

　　航天事业是关系人类当前生活和未来发展的事业，它与每个人都息息相关；航天事业是当今的尖端科学技术，几乎包括了所有的科学门类。不管你将来在不在航天部门工作，从小学一点航天知识，都是很有必要的。

　　　　　　　　　　　　　　　　　　　　　　　　詹以勤

目　录

考考你的航天知识

这份试卷，不是要把你难倒，而是帮助你解决这样一个问题："我到底掌握了多少航天知识？"试卷中的 20 道答题，可以帮助你进行自测。如果你的得分在 80 分以上，说明你已经掌握了较多的航天知识；如果你的得分在 60～80 分之间，说明你已有了一定的航天知识；如果你的得分在 60 分以下，那也没有关系，只要你注意学习，以后准可以得满分。

自测的方法是，对每道题后面的三个答案，你认为正确的划"√"，你认为错误的划"×"，每题全答对的获 5 分，不全对的不给分。答完以后，再与后面的正确答案核对，计算你的得分。当然，你是不会先看答案再答题的。

1. 航天

①是指人类在天空中的活动。

②是指人类在地球大气层以外，太阳系范围以内的活动。

③是宇宙航行的第一阶段。

2. 航宇

①是指人类在宇宙中的活动。

②是指人类冲出太阳系到银河系甚至河外星系的活动。

③是宇宙航行的第二阶段。

3. 宇航

①宇宙航行的简称，包括航天和航宇。

②包括航空、航天和航宇。

③指银河系以外的航行活动。

4. 太空

①就是我国古代指的很高的天空。

②地球大气层以外的天空。

③又叫外层空间或空间。

5. 人造卫星

①是围绕卫星飞行的人造物体。

②是围绕行星飞行的人造物体。

③是围绕太阳飞行的人造物体。

6. 空间站

①就是轨道站或轨道空间站。

②就是航天站。

③就是太空站。

7. 在绕地球飞行的飞船上产生失重现象是因为

①那里没有地球引力了。

②飞船的离心力抵消了地球引力。

③飞船飞得很快。

8. 航天员

①是指在航天站上工作的人。

②是指乘各类航天器进行航天活动的人。因航天是宇宙航行的第一阶段，有时也把航天员叫做宇航员。

③包括所有从事航天活动的人。

9. 20世纪90年代以前，航天器已探测了

①太阳系所有八大行星及冥王星。

②太阳系所有的八大行星。

③除海王星以外的七大行星。

10.20世纪90年代以前，人类已登上了

①月球和火星。

②月球和金星。

③月球。

11.第一颗人造地球卫星是

①苏联1957年10月4日发射的。

②美国1957年10月4日发射的。

③苏联1961年4月12日发射的。

12.第一个登上月球的人是

①苏联的加加林。

②苏联的阿姆斯特朗。

③美国的阿姆斯特朗。

13.中国第一颗人造地球卫星

①是1970年4月24日发射的。

②重量等于苏联、美国、法国和日本第一颗卫星重量的总和。

③是世界上第五个国家独自发射的第一颗人造地球卫星。

14.中国发射的第一颗国外卫星

①是亚洲卫星公司的"亚洲一号"卫星。

②是美制澳大利亚卫星。

③是美国卫星。

15.已飞出太阳系行星轨道的探测器有

①"先驱者"10号和11号。

②"旅行者"1号和2号。

③"先驱者"10号和11号、"旅行者"1号和2号。

16.地球静止轨道卫星

TIAN RUSEN

①在地球赤道上空 36000 千米的圆形轨道上，飞行方向与周期和地球自转的方向与周期相同。

②离地面 3600 千米，与地球自转速度相同。

③离地面 6000 千米，与地球绕太阳运行的速度相同。

17．太阳同步轨道卫星

①永远向着太阳。

②永远背着太阳。

③总是在同一时刻出现在地球的同一地点的上空。

18. UFO

①是"不明飞行物"的英文缩写。

②就是外星人的飞船。

③又叫飞碟。但飞碟不能包括全部不明飞行物。

19. 火箭

①靠空气的反作用力飞行。

②在没有空气的太空中也可飞行。

③它和飞机喷气发动机完全一样。

20. 航天器

①总是在没有大气的空间飞行。

②总是没有利用空气动力的翼。

③永远只能使用火箭发动机。

答案：

1.①×②√③√　　2.①×②√③√　　3.①√②×③×

4.①√②√③√　　5.①×②√③×　　6.①√②√③√

7.①×②√③×　　8.①×②√③×　　9.①×②√③×

10.①×②×③√　　11.①√②×③×　　12.①×②×③√

13.①√②√③√　　14.①√②×③×　　15.①×②×③√

16.①√②×③×　　17.①×②×③√　　18.①√②×③√

19.①×②√③×　　20.①×②×③×

明明的乐与愁

昨天晚上，爷爷测验我的航天知识，我只得了 70 分。虽然爷爷肯定了我的成绩，但我总觉得不满意，决定今天去参观航天博物馆，以便掌握更多的航天知识。一大早我就不声不响地起了床，没有像往常那样，要奶奶再三喊叫催促。

在航天历史馆里，我对"万户飞天"的故事着了迷。

万户是明朝开国皇帝朱元璋时期的人，是个木匠，聪明好学，喜欢钻研技术。后来参军，改进过不少刀、枪、车、船。在与敌军作战时，用火箭作武器立过大功，受到班背大将军的器重，要他做专管兵器的官。

班背大将军武艺高超，对火箭很有研究，为人刚直，不巴结有权势的人，受到奸臣李广太的排挤打击。李广太暗中支持被封在大都为燕王的朱棣继承皇位。朱棣是朱元璋的第四个儿子，为了争夺皇位，一方面搜罗各种精艺奇术，敬献给朱元璋，讨父皇的欢心；另一方面暗中网罗党羽，扩充兵力，在万一不能继承皇位时，就找机会夺取。

李广太秉承燕王的旨意，为清除继位的障碍，诬告班背勾结外敌。皇上念班背有功，免去死罪，但革去一切职务，幽禁在燕山鬼谷，为朝廷制造火箭。这事本来会牵连万户，但李广太为了利用他的技术，软硬兼施，要万户为皇上造"飞龙"。万户不答应，结果被软禁在李广太府中。这却使万户遇到曾在战场上帮助过他的月桂。月桂是一位深明大义的聪明女子。

月桂在战乱中遭敌军俘虏，被班背拯救后收为养女。班背受诬陷后，月桂被当作佣人转到李广太家中。俩人相见，同命相连。他们商量决定，答应造飞龙，但咬定缺少班背不行，以便见到班背，再想良策。为救月桂出火坑，万户提出要娶月桂为妻。李广太勉强答应这些要求，但限期半年造出飞龙。

万户、月桂和几个自愿跟从的工匠，跋山涉水，来到鬼谷，但却晚了一步，只见到几间烧尽的茅屋，浓烈的火药味中夹杂着人肉的焦臭。原来是李广太借刀杀人，把班背的住地密告给屡败在班背手下，闻班背之名丧胆的外敌。外敌将班背数人团团围住，班背令一名亲从带着他写的"火箭书"冲出重围，去找万户。班背等人虽拼死抵抗，终因寡不敌众，被绑在茅屋中，外面堆满干柴，然后用班背的火箭射向干柴和茅屋，将班背和几个随从活活烧死。

万户、月桂悲痛万分。葬了班背之后，万户忍痛熟读班背的"火箭书"，又仔细地研究了已有的各种火箭。然后画出各种"飞鸟"的图形。几个工匠则根据图形制造各种"飞鸟"。

转眼限期将到。万户的"飞鸟"也造好了。试飞那天，四方百姓都来看热闹，偏僻山乡，竟人山人海。万户的"飞鸟"，形状像躺椅，分上下两层，下层连着4条腿上的火箭，点燃后能把"飞鸟"送上九天；上层连着鸟尾的49支火箭，点燃后可飞行百里。万户端坐"飞鸟"之上，一手拿着一把大扇。随着几声巨响，"飞鸟"尾部喷火，离开山头往前冲去。接着4条腿上的火箭喷火，"飞鸟"急速上升，冲入半天。在场百姓，仰头观望，看得傻了。

突然，火光消失，"飞鸟"急速下落。万户虽死劲扇扇，但作用不大。接着一边翅膀飞脱，"飞鸟"转了几转，摔落在山脚之下……

万户飞天联想

众匠人和百姓赶到，"飞鸟"已成碎片，万户身无整尸。大地恸哭，月桂头撞石头而死。

众工匠将万户和月桂合葬在班背墓旁。

李广太听到飞龙坠毁的消息，长叹了一声。正在发愁，传来圣旨，要他火速回都城南京。李广太进得殿来，洪武皇帝已奄奄一息。弥留之际，喟喟有声："我乘飞龙去唉！"李广太如释重负。

办完国丧和庆贺惠帝登基之后，李广太又去大都为燕王谋位策划，并派人将班背和万户墓夷为平地。4年之后，朱棣趁起兵抗敌的机会夺取皇位，迁都大都，改名北京，建号为"永乐"。他为树碑立传，令人编写浩瀚的《永乐大典》，而万户造"飞龙"的事，已被忘得一干二净。

600年后，国际天文联合会将月球上的一座环形山命名为"万户"，表彰他是世界上用火箭作动力飞行的第一人。

我被这个根据史料编成的悲壮故事深深地感动了，立志要为祖国的航天事业做出贡献。

但是，在我继续往下参观时却碰到了困难。对巨大的火箭，形形色色的卫星、飞船和琳琅满目的航天成果，我只能看一个热闹，不说内容和道理生疏难懂，就是那"空间、太空、航天、航宇、宇航"等一大堆名词，就把我搞糊涂了。航天真是个闷葫芦！

我带着满肚子不快回到家里，爷爷开导我，并给我解释那些容易搞混的名词。要是在平时，我才不愿意听呢？可现在就像听揭开闷葫芦的故事那样感兴趣！

航天科技上常使用的"太空、空间、外层空间、宇宙空间"这些词，其实都是指地球大气层以外的空间，正像馒头、馍馍都是一回事一样。

"那'地球行星空间'呢？"

——地球引力、磁场等的影响能达到的空间范围。

"'行星际空间呢'？"

——九大行星空间以外的太阳系空间。

我们平时说的"天"和"天空"，没有严格的科学含义，航天科技上不使用这些词。

"太空是什么颜色？"

在没有光亮的地方，太空是黑洞洞的。从地球上看到的蓝天（青天），是由地球大气分子散射太阳光形成的颜色。

"什么叫'航天'？它与航空有什么区别？"

航天是指人类在地球大气层以外，太阳系范围以内的活动。航天与航空的区别——

"啊，我知道了，一个在地球大气层以外活动，一个在地球大气层以内活动呗！"

对了，航天和航空最主要的区别，就是活动范围的区别。现在，我们可以再深入一步了。

我们把进行航天活动的飞行器叫航天器，如运载火箭、人造卫星、探测器和宇宙飞船等。而进行航空活动的飞行器，则叫航空器，如飞机、直升机、气球、飞艇等。

那么，航天器和航空器的主要区别呢？

"一个有翼，一个无翼呗！"

不完全对。一般来说，在没有大气的太空中飞行的航天器，不需要翼。但如果要经过地球大气层（如火箭）或在其他有大气的行星和卫星周围活动，则必须有翼（如未来的火星飞机）。气球无翼，它却是航空器。

"那就是一个需要携带氧化剂，一个不需要呗！"

也不完全对。航空发动机可以从空气中吸取氧气，故不需要携带氧化剂。火箭发动机要能在没有大气的太空中工作，所以它既要携带燃料，又要携带氧化剂。但在轨道上飞行的卫星，不仅没有什么氧化剂，连燃料也可以不带。航天器和航空器的主要区别，仍然是活动范围的区别，由于航空器是在地球大气中活动的，所以，所有航空器都离不开空气。

好了，今天就讲到这里，不然，这些枯燥的名词又会使你糊涂了。不过还要交待一下，我们把乘航天器进行航天活动的人叫航天员。

进入太空是很不容易的事。

登 天 难

旧时农历八月十五中秋节有守月的习俗。大人们在露天月光下干活到深夜，奶奶怕孙儿们睡着了受凉，不时提醒说："别睡哟，等夜深人静时，嫦娥会悄悄地从月亮上伸下一支伞柄，那时我们都顺着伞柄爬上月亮做神仙去了，谁睡着了谁就留在地上继续做凡人受苦。"我小时候每年中秋节晚上都强打精神等呀等呀，可从来没有碰到过这种运气。究竟有什么办法可以登天呢？

自古以来人们就在寻找登天的办法，但除了"封神演义""嫦娥奔月""孙悟空大闹天宫"等神话故事中的腾云驾雾以外，没有一种方法能上天。所以，"登天"几乎就等于办不到或不可能的事，至少是最最困难的事。记得小时候当我干事叫难的时候，爸爸总说"难，比登天还难吗?!"后来学唐诗，被称为酒仙的潇潇洒洒的大诗人李白，在《蜀道难》这首诗中说："蜀道之难，难于上青天"，也把登天看成是最难的事。

120多年前有了气球，100多年前又有了飞机，人们可以离开地面进入空中了，但仍不能冲出大气层进入太空，更不要说上月球、登火星了。直到1957年10月4日，第一颗人造地球卫星才克服地球引力进入太空；又过了4年半时间，人类才第一次踏进太空的大门，而登上月球又是8年多以后的事。这些都是因为有了现代火箭。

有了现代火箭以后，人类可以登天——进入广阔的宇宙空间和上月球、火星等等了，但登天仍然是一件十分困难的事。先讲一个7个兄妹不怕艰难险阻，到仙地取宝的童话故事：

大哥经过艰难曲折到达宝山脚下，但在上山时，被凶恶的虫蛇虎豹、震天的电闪雷鸣，吓得稍一回头，变成了黑色的石头。以后几个兄弟，前赴后继，也都在最后关头，由于惧怕，在回头之际变成石头。七妹最勇敢、最坚决，不管碰到什么艰难险阻，决不回头，终于取得了宝物，救活了6个哥哥，以后过着幸福愉快的生活。

太空是人类活动的第四个领域，也是最广阔的领域，那里蕴藏着无穷的资源宝藏。

嫦娥奔月　孙悟空大闹天宫

但是要进入太空，开发太空资源，会遇到比仙地取宝童话故事中多万倍的困难和险阻。还是以登月为例来说明。20世纪60年代初，美国为送人上月球，第一次用火箭发射电视摄像机到月球上去拍照，这个叫"游骑兵计划"的登天活动，确实经历了像仙地取宝童话故事那样的艰难曲折。1961年8月发射的"游骑兵1"号，在进入绕地球飞行

的轨道后，由于最后一级火箭发动不起来，不能飞回月球，而成为围绕地球转的"石头"。3个月后发射"游骑兵2"号，同样没有飞出地球轨道。"游骑兵3"号1962年1月出发，由于运载火箭瞄得不准，使它偏离月球37000千米！1962年4月发射的"游骑兵4"号，由于控制系统的毛病，使它撞到月球背后去了。"游骑兵5"号这年10月发射，眼看就要到达月球时，因发动机熄火而前功尽弃。1964年1月发射的"游骑兵6"号，一路顺利，可惜在落向月面时，因电视摄像机失灵而没有拍到照片。直到这年7月，"游骑兵7"号才取得成功，拍回4316幅电视图像。以后"游骑兵8"号和"游骑兵9"号也取得了成功。可见登天该多么艰难呀！

"登天为什么这么难？"

告诉你，难就难在要克服巨大的地球引力！火箭要把卫星、飞船送进太空，必须达到每秒钟飞行7.9千米的速度，才能克服地球引力，这比超音速飞机快20多倍，比火车快300多倍，要消耗大量燃料，以产生巨大的推力，才能达到这个速度。"游骑兵"1～2号就是速度不够才没有飞出地球轨道。后来送"阿波罗"飞船登月的"土星5"号运载火箭，燃烧2分半钟，消耗燃料2000多吨，产生3000多吨推力。制造这样的火箭是很不容易的。前苏联从1945年第二次世界大战结束时就搞火箭，但用来发射第一颗人造地球卫星的"火箭7"号运载火箭，经过一再推迟，于1957年8月才试验成功。美国差不多与前苏联同时开始搞火箭，但在前苏联发射卫星成功后，他们用来发射卫星的"先锋"号运载火箭还没有过关，几次发射卫星都失败了。为了与前苏联竞争，只得改用一种小推力火箭发射一颗1.5千克重的卫星，时间拖了近半年，卫星小得像"山药蛋"。同样，前苏联为了与美国搞载人登月竞争，搞了一种比美国的"土星5"号火箭还大的运载火箭，但是火箭的技术问题始终过不了关，不得不放弃载人登月计划。

"游骑兵"探测器

　　还有，火箭、飞船必须结实。因为火箭发动机点火和熄火时会产生振动，特别是火箭加速上升时，会产生巨大的冲击，与高速行驶的汽车突然撞墙时产生的冲击一样。由于这股冲击力好像使物体变重了，所以叫"超重"或"过载"。过载的大小用地球重力加速度单位g来表示，一般可达十几个g。如果火箭、飞船不结实，就会被发动机点火、熄火的振动振垮，或被火箭加速上升时产生的巨大过载压碎。对载人飞船来说，必须有结实的座舱来保障航天员的生命安全。因要结实，就会增加重量。增加1千克重量，必须增加100千克力的推力，这是一对很不好克服的矛盾。

　　火箭还必须绝对可靠，否则会造成巨大的灾祸。"游骑兵5"号就是火箭发动机熄火才前功尽弃的。再如1960年10月23日，前苏联的火箭在发射台上爆炸，造成导弹部队司令等百多名军人和科学家死亡。1967年1月27日，美国的"阿波罗4A"号飞船在地面作试验时，因一根电线短路产生一星星火花，引起纯氧座舱起火，3名航天员被烧死。1986年1月28日，美国"挑战者"号航天飞机起飞后，因火箭连接点上的一丝丝裂缝而引起爆炸，7名航天员全部牺牲。火箭上的零件几十万，每个零件只要有0.000001％不可靠，整个火箭就会有73％的可能发生危险。即使火箭本身可靠，由于一丝疏忽，也可造成灾难。欧洲有名的阿丽亚娜火箭，就曾因为操作人员不慎碰落一个小小的商标，堵塞发动机燃烧室的喷嘴，而使火箭发射失败。所以，要做到万无一失是很不容易的。

使火箭准确飞行叫"制导"。火箭制导必须非常精确，才能把卫星、飞船送入预定的轨道。"游骑兵3"号就是因为火箭瞄准的一丁点误差，而偏离月球37000千米。使卫星、飞船准确飞行叫"控制""游骑兵4"号就是控制系统出了毛病才撞到月球背后去的。

在飞行的火箭、卫星、飞船上，以及测量控制它们的地面站上，必须有互相呼应的精确的测量控制和通信联络系统，以便随时知道火箭、卫星、飞船在什么地方。否则，即使上了天，也会因测量不准或失去联系而失败。在航天初期，许多航天器发射后因此而杳无音信。苏联1988年发射的两个"福波斯"探测器，就是因为失去了联系而没有取得探测火星的预定成果。

对火箭、卫星、飞船上天还有许许多多严格的要求。如被火箭送上天的卫星、飞船，每一项设备都必须可靠。"游骑兵6"号因摄像机失灵而成为送上月球的一堆废铁。

世上无难事，只怕有心人。人们总是知难而进的。1957年10月4日，苏联发射成功了世界上第一颗人造地球卫星。这是一件划时代的大事，标志着人类从此进入了航天时代。接着，1961年4月12日，人类的第一名代表进入太空。1969年7月20日，人类的2名使者又踏上了月球。目前，人类又在酝酿向火星进军。航天事业在迅速发展。

　　万事开头难。现在，发射卫星和飞船等航天器，相对来说，已不像开始那样困难了。到 1990 年底为止，人类已成功地发射了 4000 多个航天器，共有 241 人、419 人次进入太空，其中 12 人登上月球。

　　唔，登天确实是够困难的！

"回家"难

"回家总是愉快的,怎么说'难'呢!"

是的,回家总是愉快的。但从太空返回人类的摇篮——地球这个"家",确定是很难的。航天大国苏联和美国,经过许多次失败之后,才使航天器成功地安全返回地球,而要使进入太空的航天员安全返回地球,就更难。

1961年7月21日,美国送航天员格里索姆做直上直下的飞行,当飞船返回时落在海面上,不知为什么,应急逃逸窗口自动炸开了,海水迅速灌进座舱,在座舱就要沉没的时候,格里索姆才爬了出来,真险哪!1962年2月20日,美国第一个绕地球飞行的航天员格伦乘"水星6"号飞船进入大气层返回时,飞船的玻璃抗热罩松动,在采取应急措施后勉强没有脱落。否则,飞船与空气剧烈摩擦,人、船会片刻烧成灰烬。1967年4月24日,苏联的"联盟1"号飞船在返回地球时因故障自身旋转,航天员科马罗夫采取应急措施加速飞行,但又使加速过载(超重)增大一倍多,使科马罗夫眩晕。结果,降落伞因吊绳缠绕在一起打不开,科马罗夫被摔死。

"'回家'难,比登天还难吗?!"

假如你爬过又陡又高的山,你一定赞成"上山容易下山难"这句俗语。同样,登天虽然难,但返回则更难。

　　航天器返回地面，必须遵守时间和地点。这样，要求航天器至少具备三个条件。首先，运载火箭必须把要返回的航天器精确地送到预定的轨道，使航天器能在预定的时间飞到预定回收地区的上空。否则，就会落到别的地方去或者根本回不来。1976 年 10 月 16 日，前苏联"联盟 23"号飞船返回时因导航系统失灵而落在一个湖中。当时天气又很不好，下着大雪，能见度很低，温度达零下 15 摄氏度，飞船舱内温度降到零度。回收人员好不容易找到他们，又缺少救援手段，直升机运来两栖运输工具，但无法把飞船搬上去，一架直升机好不容易用绳索拴住了飞船，却无力吊起来，只得拖到岸边，最后又在沼泽地里拖了 1.6 千米，才使在冰水中冻了 6 小时的 2 名航天员脱险。其次，必须有精确的测量和控制飞船的能力。因为航天器在太空飞行时，会受到各种因素的影响，使轨道发生偏离（这叫轨道摄动）。因此，必须精确地测算出航天器的实际飞行轨道，然后才能确定航天器在几时几分几秒钟开始返回的程序。否则，航天器就会迷路，降落到别的地方去。1975 年 4 月，苏联飞船"联盟 18A"，因故障紧急返回，这当然不是在测算好的时间内返回。结果，虽未像担心的那样落到外国去，但还是落在了边远的一处山腰上，飞船向山下翻滚，幸好降落伞绳挂到了树上，才使飞船没有滚落悬崖。第三，控制系统要能使航天器精确地转变成返回姿态，使飞行方向与地平线成预定的角度（叫再入角），这是能否返回的关键。否则，差之毫厘，失之千里。1960 年 5 月 15 日，苏联发射第一艘不载人飞船，返回时由于姿态不对，不仅没有返回，反而被抛向更高的轨道。这年 12 月 1 日，载有 2 只小狗的苏联飞船，又因入角稍大，回收没有成功。

　　航天器返回必须安全，要安全返回必须闯过三关。第一关，过载关。航天器从几百千米高空返回，在几分钟之内走完数千千米航程，以每秒钟几千米的速度进入稠密的大气层。由于迅速减速，会

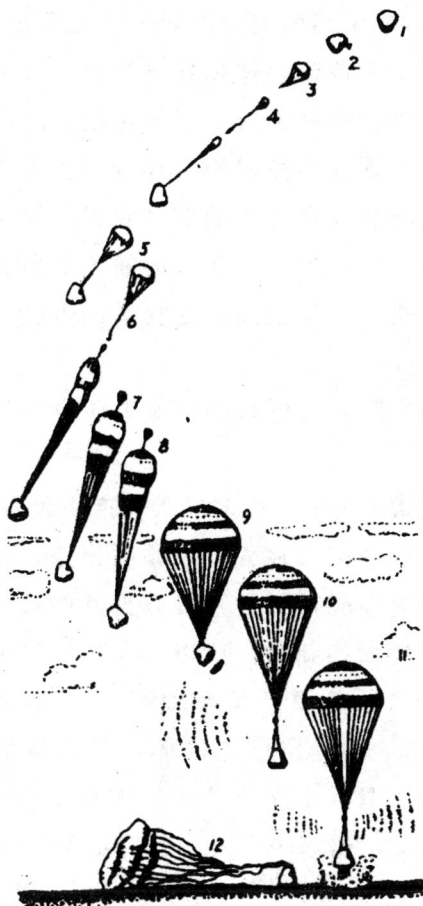

航天器返回程序图 "联盟" 号飞船回收系统工作程序

1. 返回舱　2. 弹射伞舱盖　3. 大面积引导伞　4. 小面积引导伞　5. 稳定伞　6. 稳定伞分离拉出主伞　7. 主伞收口状开伞　8. 主伞伞衣松口，完全张满　9. 底部防热罩分离　10. 转为对称悬挂姿态，信标机开机　11. 缓冲火箭点火　12. 主伞分离

产生巨大的过载冲击。同时由于制动发动机的点火、熄火和进入稠密大气层时的冲击，会产生剧烈的震动。航天器及仪器设备必须要结实，不被震垮压瘪。第二关，火焰关。航天器以 20 多倍于音速的速度在大气中穿行，使周围的空气受到剧烈的压缩和摩擦，温度高

达 8000～10000℃，航天器的表面温度也达几千度。它必须有可靠的防热层，保护它不至于像流星体那样被烧掉。第三关，着陆关。航天器接近地面时，仍有每秒钟数百米的速度，降落伞等安全回收设备必须绝对可靠，否则就会撞得粉身碎骨，发生前面说到的航天员被摔死的事故。同时还要有可靠的信号装置，便于回收救援人员尽快地发现航天器的落点踪迹。现在有的航天器具备有飞机那样着陆的本领，如航天飞机，那是更高、更复杂的着陆技术，它的可靠性要求也更高。

你看，这"回家"不是更难吗？这里还没有说到在太空发生意外之后的返回哩。

太空环境是异常恶劣的，会对航天器产生种种意想不到的影响。同时，航天器的一些缺陷会在太空中暴露出来。这样，一旦发生事故，不像在地面上那样能得到种种可以得到的援助和进行从容的修理，或者干脆舍弃掉而换新的。所以，发生故障的航天器，返回就更难了。1990年2月，苏联"联盟TM9"号与"和平"号航天站对接后，发现它的部分隔热层已经损坏，只得发射运货飞船从地面上送去修理材料和工具，由航天员走出密封座舱进行修理。假如没有材料、工具或者无法修理……唉，那将要发生什么事情？！

1970 年 4 月"阿波罗13"号的死里逃生，返回地球，更是激动人心。"阿波罗"飞船由服务舱、指挥舱和登月舱三部分组成。由于两个纽扣大小的恒温器开关不合规格，使"阿波罗13"号登月飞船服务舱的储氧箱发生爆炸，氧气泄漏，飞船不稳，3 个燃料电池两个失效，供电电压下降，使指挥舱缺氧缺电。这时飞船已飞行了56小时，离地球 40 万千米。怎么办？经过地面上紧张的模拟、计算、分析和飞船上航天员的共同努力，决定丢掉指挥舱和服务舱，3 名航天员进入登月舱，利用那里有限的电力、氧气和水返回。为了弥补动力的不足，决定继续飞向月球，这样可以借助月球的引力增加飞船的速度，绕过月球后，又借助月球的自转进一步使飞船加速，飞回地球。时间和氧、电、水的消耗在竞赛，气氛十分紧张。地面上不时提醒航天员服用兴奋剂，以驱散疲劳、寒冷和失望，与烦躁、发怒做斗争。航天员用各种方法激励自信，并祈求上帝保佑。地面上的人们焦急等待，许多人聚集在耶路撒冷哭墙前和其他崇拜场所，祈祷他们平安归来。

4月19日，3名航天员终于平安返回地面。尼克松总统指定这一天为全国祈祷日，以"感谢上帝拯救航天员的仁慈"。这当然是宗教的说法。真正拯救航天员的是航天技术和人的意志及智慧。

"阿波罗13"号死里逃生

登天的梯子

航天离不开火箭。火箭是目前我们唯一的登天梯。

人们设想过许多登天的办法，如在赤道上建一座高塔，一直伸到太空，在塔顶上只要用很小的力就可以使卫星绕地球飞行，这叫"宇宙塔"。再如在地面上修一座拱桥，桥顶到达稠密大气层之外，让车辆高速从桥下往上开，到达桥顶时，车辆就可离开拱桥进入轨道，绕地球飞行了，这叫"宇宙桥"。还有"赤道环形管"，就是沿地球赤道建一条环形管子，用强大的动力使环形管波浪形摆动起来。由于管子长4万千米，只要伸长2％～4％，就可穿过云层，进入太空，为太空工厂运送人员和物资。还有"赤道台"，就是沿赤道建一条栈道，让列车在上面高速行驶。当达到一定速度时，列车就会进入轨道绕地球飞行。还有什么"宇宙链""宇宙梯"等等。目前的高速磁悬浮列车，也使我们溅起一丝希望的火花。磁悬浮列车就是用强大的电力，通过电磁作用，能把列车从铁轨上托起来而高速行驶。目前的速度已经达到每小时800～1000千米，如果采用超导体，使时速达到28000千米，就可以进入太空绕地球飞行了。同样利用电磁力的线圈炮，也可以发射卫星。要实现以上种种设想，当然还要走很长很长的路程，具体困难是很多的。

既然目前还只有火箭能登天，我们就不能不对火箭有较详细的

形形色色的登天方案

了解。

我们祖先发明火箭，经过一个漫长的过程。这个过程也就是对火和箭的认识及创造过程。人类约在 100 万年前开始使用弓箭打猎。50 万年前我们的祖先开始有控制地用火。28000 年前又发明用尖石头做箭头，约在公元前 100 年又发明了最早的硝石、雄黄混合剂火药。约在公元 240 年左右，我国史书上第一次出现"火箭"这个名字，那是一个叫郝昭的人把火绑在箭上，烧诸葛亮攻城的云梯。隋唐时期发明黑色火药后，为古代火箭的问世打下了基础。史书记载，公元 970 年冯继升、岳义方向宋太祖赵匡胤献火箭，并当场试验。30 年后，又有一个叫唐福的人向朝廷献火箭。这大概是具有反作用力的古代火箭的雏形。当然，那还是把火药筒绑在箭杆上，只不过火药燃烧喷射的反作用力，使射出的箭飞得更远一些。

有这样一个"冯铄造箭"的故事。冯继升自小勤奋好学，好射箭，青年时与好友岳义方、表弟孟廉奎参军打仗，改名冯铄。孟廉

冯继升献火箭

奎是制造火药的世家。他们用火和箭做武器屡建大功，引来了坏人
的嫉妒、排斥和打击。因坏人专权，他们解甲归田。一次，一批乡
邻被洪水围困在一个山头上，冻饿难耐，冯继升把火药筒绑在箭杆
上，想送火给乡亲们取暖。为怕火熄灭或伤人，他让火往后喷。因
水面太宽，担心射不过去，只是想试一试。但意外得很，箭飞得比
往常远得多。又有一次，一群毒蜂杀人为害，冯继升用箭射燃着的
火药筒烧蜂，但怎么也射不远。他琢磨这一次与前一次唯一不同的
是火药筒朝后。为什么火药筒朝后就射不远，而朝前就射得远呢？
由此得到启发，火药筒喷火会产生一股很大的力量，利用这股力量
可以使箭飞得更远。经过实验，果然是这样。古代火箭就是这样在
实践和实验中诞生了。在朝廷征招民间技艺时，乡亲们推举冯继升
向朝廷献火箭，得到宋太祖的欢心，荣归故里。冯继升扶弱压强、
助人好施，得到乡邻的拥戴，也因此成了豪绅的眼中钉。奸臣们栽
赃陷害，诬冯继升造反。冯继升被捕下狱，遭受百般折磨，屈打成

招，满门抄斩，只有一个外甥逃脱，他就是 30 年后献火箭的唐福。孟廉奎被逼上山为寇。据说杨家将中会使火葫芦的孟良，就是孟廉奎的后代。

中国古代火箭后来传到西方。20世纪 40 年代初，德国制造了现代火箭。第二次世界大战后，苏联和美国又在德国火箭的基础上，制造了威力强大的导弹和运载火箭。

现代火箭和古代火箭的原理是相同的，就是燃烧推进剂，向后喷射，产生反作用力，推动火箭前进。它们的结构也基本相同，只是现代火箭更完善、更复杂一些，由发动机（古代火箭的装药筒和喷口就是发动机）、推进剂贮箱、安放被运送的物体的框架、仪器设备（古代火箭没有）和把所有这些连接起来的壳体组成。由于火箭推进剂中既有燃料，又有助燃的氧化剂，燃烧时不需要空气中的氧气，所以在没有空气的太空中也可以飞行。这是火箭发动机与飞机使用的喷气发动机的主要区别。

那么，为什么只有火箭才能把卫星送入轨道呢？这是因为火箭有强大的推力，能够克服地球的巨大吸引力（又叫重力）。往天上抛石头，因为人的力量有限，石头的速度太小，最后还是要落到地面上来。你也许要问，枪弹的力量够大的了，为什么朝天开枪开炮，枪

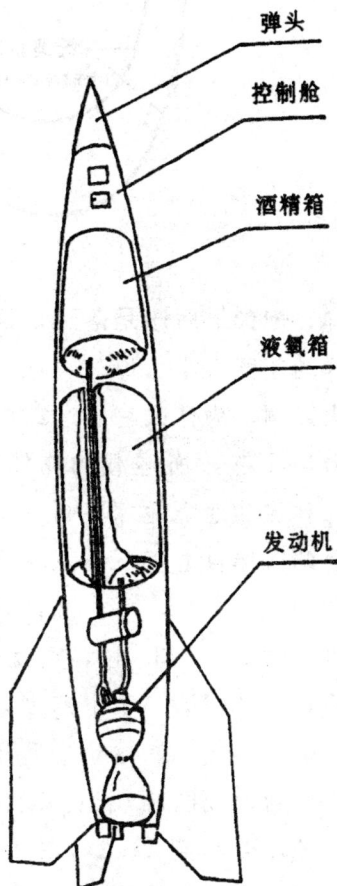

弹头
控制舱
酒精箱
液氧箱
发动机

典型的一级运载火箭结构示意图

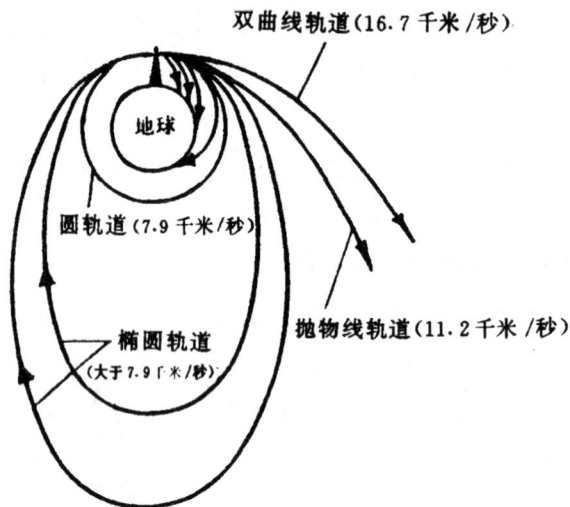

三个宇宙速度

弹、炮弹最后还是落到地面上。这也是枪炮的力量不大，枪弹、炮弹的速度太小。那么，探空火箭、火箭炮、防空导弹呢？它们也是火箭啊，为什么它们运载的东西不能绕地球飞行呢？这还是它们的力量不够，所运载的物体速度太小。1961年4月12日，苏联人加加林成功地绕地球飞行一圈并安全返回后，美国人于同年5月和7月两次作直上直下的亚轨道飞行，也就是因为火箭的推力不够，飞船的速度太小，不能绕地球飞行呀！经过计算，如果一个物体的速度达到7.9千米/秒，它就可以克服地球的引力，在地球表面绕地球飞行，这叫第一宇宙速度，也叫环绕速度。如果高度增加，这个速度会小一些。如在900千米高度时，只要7.7千米/秒。飞行的轨道是圆轨道或椭圆轨道。要完全挣脱地球引力，飞向金星、火星等，则速度要达到11.2千米/秒，这叫第二宇宙速度，也叫脱离速度。飞行轨道是抛物线轨道。要克服太阳的强大引力飞出太阳系，则必须达到第三宇宙速度，也叫逃逸速度，即16.7千米/秒。飞行轨道为双曲线轨道。

除燃烧固体或液体推进剂的化学火箭外，目前还有电火箭。但它的推力很小，只能作为在太空使用的动力。化学火箭难以胜任未来的宇宙航行，人们正在研究核动力、光子和反物质等新型动力火箭。

通过这些叙述，你能解释本篇开头说到的"宇宙塔"、"宇宙桥""环形管""赤道台""超导磁悬浮列车"等登天的原理吗？你能根据这些原理，设计出自己的登天方法吗？甚至摆脱这些原理，创造出新的登天方法来?! 有一种悬缆登天的设想，它与加快速度来克服地球引力的办法完全不同。由于月球总是用同一面对着地球，又由于月球绕地球运行的轨道是个椭圆，远地点与近地点相差 42200 千米，如果在月球对着地球的一面的中央拴一根绳子，月球在近地点时绳子的下端正好接近地面，这时在绳头上拴一颗卫星，随着月球向远地点运行，就可以把卫星带到 42200 千米以下的太空。那时，发射离地面 36000 千米的地球同步卫星，就不再用火箭了。

神通广大的"仆从"

　　人类自古就知道月球，与星星比起来，它又大又亮，大约一月一圆缺，所以我们叫它"月亮"，英、美等西方人叫"moon"。后来，人们叫围绕行星飞行的天体叫"卫星"，月亮就是地球的卫星。卫星的英文拼写为：satellite。这个字的原意是"仆从"。

　　"奇怪，卫星和仆从有什么相干！"

　　这里有一个典故。据说天文学家在其他行星周围发现卫星时，以为它是行星的附属物，又由于它们总是围绕行星转，就像仆从总是围绕主人转一样，于是就给它取名叫 satellite。

苏联的第一颗人造卫星

航天时代开始后，除了天然卫星以外，又增加了人造卫星。围绕地球飞行的人造卫星叫人造地球卫星，如此，也有人造金星卫星、人造火星卫星，等等。在不引起误解的情况下，有时也简称为"人造卫星"或"卫星"。

第一颗人造地球卫星是苏联于1957年10月4日发射的。随后美国、法国和日本也相继发射了卫星。1970年4月24日，我国成功地发射了第一颗卫星。卫星重173千克，是苏、美、法、日四国第一颗卫星重量的总和。现在，许多国家都能够发射人造卫星了。

"发射卫星既困难，又费钱，值得吗？"

我们可以这么说，各类卫星和其他航天器，不仅是为我们服务的"仆从"，而且是我们的挚友和导师，没有它，我们的幻想、理想和现实生活将黯然失色！

"且慢，它们真有这么大的神通?!"

是的，这并不夸张。我们可以举例来说明，如你梦想遨游九天，只有航天器才能帮助你实现；你幻想寻找外星人、探测黑洞等宇宙中无穷的奥秘，航天器可提供最好的手段；你立志要成为科学家，

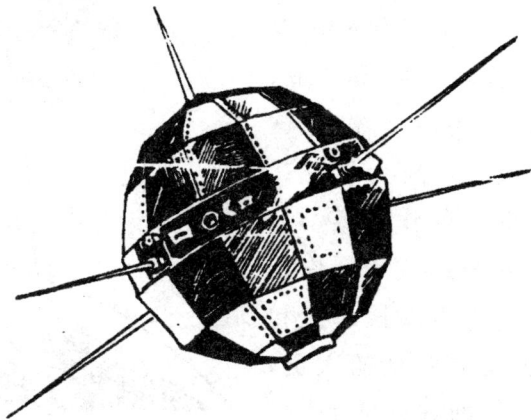

"东方红 1"号，中国的第一颗人造卫星

研究那些高深的宇宙理论，航天器可以助你一臂之力；你想研制计算机，航天器可以在太空为你生产最好的晶体和芯片；你想搞生物医学，航天器可以提供理想的实验场所，可以生产稀有的、地面上不能生产的、治疗疑难病症的药物；你想发展遥远边区的医疗事业，卫星可让城里的高明医生为那里的病人看病，指导那里的外科医生进行手术；你想发展辽阔农村的教育事业，卫星可以帮助培养那里的教师，那里的学生通过卫星也可以听到城里优秀教师的讲课；你想搞历史考古，航天器可以帮助你寻找埋在地下的古城遗址；你想搞地质探矿，最好的助手就是航天器，它可以"透视"地下的矿藏；你想搞气象工作，卫星居高临下，视野宽广，可以不受大海、沙漠、高山的限制，全面地掌握气象动向，准确地预报天气，离开卫星，气象工作就会大倒退；你想搞商业贸易，没有卫星提供及时准确的产销信息，准会赔钱蚀本；你想搞数学，航天需要数学，数学还是跟外星人交谈的最好语言哩！你搞海洋捕鱼，卫星为你预报天气、测量水温、寻找鱼群、指挥捕鱼；你搞牧业，卫星帮助你放牧牛羊、管理牧场；你搞林业、农业，卫星帮你防治水、旱、风、霜、虫、火等灾害，还为你管理水源、估计产量；你作警察，卫星帮助你防盗和指挥交通；你搞慈善事业，卫星可以救援海上和在无人烟的陆地上遇难的人员，航天技术还可帮助残疾人自立；你搞环境监测，卫星使你最眼明

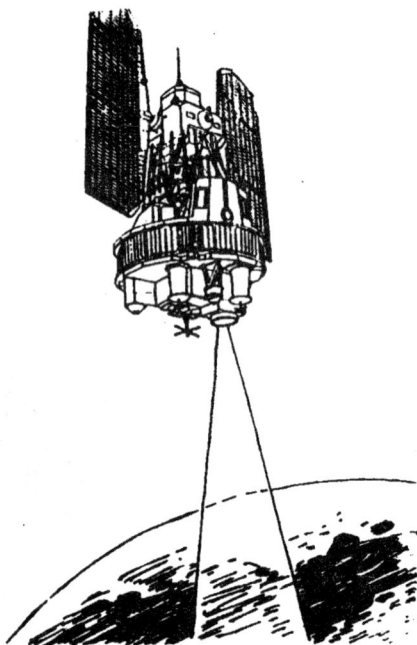

卫星遥感原理图

心亮；你是记者，没有卫星，你只能发"旧闻"；你搞军事，卫星为你侦察、通信、导航、预报天气……航天技术为你制造先进的导弹武器；你搞艺术，太空美术最诱人，悬在太空的艺术品更雄伟；你搞文学，太空最宽广，展开你幻想的翅膀，尽情地飞吧！

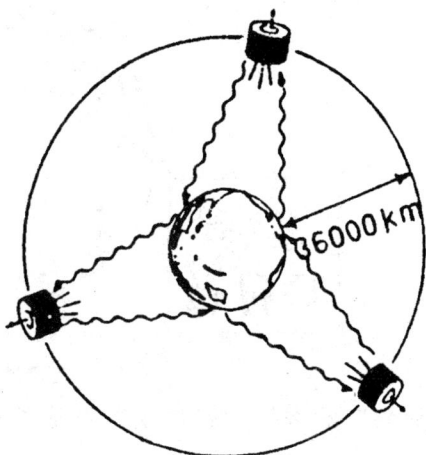

全球通信

"这么说来，我们的幻想和理想离开航天确实会黯然失色！那么，对现实生活，未必如此吧！"

实际上，航天技术已深入到我们的现实生活的各个方面。早晨，没有卫星校准的钟表，你可能睡过钟点，也听不到及时的新闻报道和准确的天气预报；晚上，没有卫星，你看不到现场转播的精彩文艺节目和体育比赛，更不能奢望给远在异国他乡的亲人打电视电话；你使用各种商品时，就可能正在享受卫星提供的各项服务；你睡觉休息时，卫星还在为你忙碌着；你吃饭时，如果没有卫星，饭桌上可能缺少鱼虾。

"这怎么讲?! 难道卫星与鱼虾还有关系?!"

你忘记了远洋捕鱼离不开卫星通信、卫星天气预报、卫星测量海水温度、预报渔讯、指挥捕鱼……呀！

"那么，卫星和各种航天器为什么有这么大的神通呢？"

虽然五花八门的航天器各有"高招"，但归纳起来只有"一个优势，两大本领"。"一个优势"是能提供失重、真空、低温等特有的太空环境，生产特有的、地面上不能生产或难以生产的物质和产品，"两大本领"就是"千里眼"的本领和"顺风耳"的本领。所谓"千

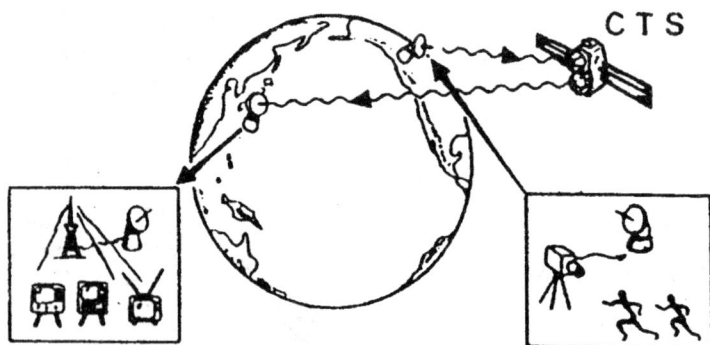

卫星通信原理图

里眼"的本领，就是用各种遥感设备，拍摄地球大气和地球表面的照片。分析这些照片，就可以掌握天气变化的规律，做到"三日早知道"，甚至"30 日早知道"，准确地预报天气；分析这些照片，可以发现埋藏在地下的矿藏和隐蔽的各种军事目标。所谓"顺风耳"的本领，就是用无线电接收机接收地面上的无线电信号，然后再转发给地面。由于卫星高居地球之上，它发出的电波不受任何地形和高层建筑的阻挡，地面上的广大地区都能收到；同样，它也能收到地面上广大地区发出的电波。

航天器的种类很多，但可以归纳为两类，即科学研究航天器和应用航天器。所谓应用航天器，就是直接为人类的生活、生产和军事服务的航天器，这除了为数还很少的航天站和航天飞机外，主要的是各种应用卫星，如通信卫星、导航卫星、气象卫星、地球资源卫星和各

1984 年 4 月 8 日我国发射的通信卫星

类军事卫星等。

人造地球卫星虽然都围绕地球飞行，但飞行的路线（轨道）各不相同，有离地球近的，有离地球远的；有与地球自转方向相同的，有相反的；有绕地球赤道飞行的，有绕南北极飞行的；有在这两者之间的。卫星的飞行轨道，主要根据需要来选择。如通信卫星最好选择地球同步轨道，就是卫星绕地球飞行的速度正好等于地球自转的速度，也就是卫星绕地球飞一圈的时间（叫周期）与地球自转一圈的时间相同。这样，我们就说卫星与地球同步。如果卫星是在 36000 千米的赤道上空以圆形轨道绕地球自转方向飞行，则从地面上看，卫星就像固定不动一样。由于它相对地面是静止的，就叫地球静止卫星。

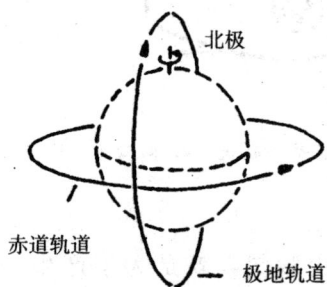

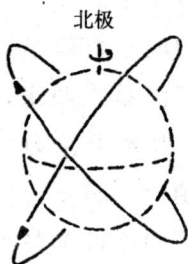

如果需要卫星总是在同一时刻经过同一地点上空，那就要选择太阳同步轨道，如侦察卫星、气象卫星、地球资源卫星等常用这种轨道。

人造卫星进入轨道后为什么不要动力还能继续飞行，而且既不会掉下来，也不会飞走？这里要分析一下似乎毫不相干的水流星。杂技演员将盛有水的碗拴在绳头上，用力一甩，由于碗被绳子拉着不能飞走，就以绳子的长度为半径，以杂技演员握绳子的手为中心转圈子，这叫圆周运动。物体作圆周运动时会产生离心力，这种离心力将水压向碗底，

北极
赤道轨道
极地轨道

北极
逆行轨道

北极
顺行轨道

地球卫星的轨道

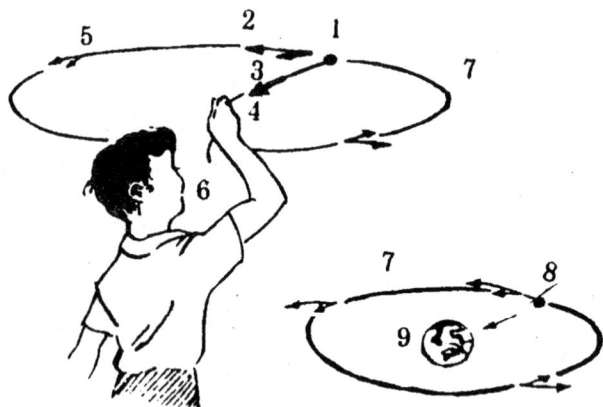

卫星飞行原理

1. 水流星 2. 水流星想要飞行的方向 3.5. 水流星的轨道 4. 向心力 6. 细绳 7. 轨道 8. 卫星 9. 地球

所以不流出来。你快速跑步拐弯时身体向内倾斜，就是为了产生一种相反的向心力来抵消这种离心力，使你不致倒下去。要使圆周运动保持不变，离心力必须等于向心力。水流星的向心力就是绳子的拉力。如果拉力（向心力）大于离心力，就会把流星收回来；如果甩流星的力过猛，绳子被拉断了，也就是离心力大于拉力（向心力），碗就会飞走。卫星绕地球飞行，就是这个道理，只不过向心力不是绳子的拉力，而是地球的引力。物体有一种叫惯性的特性，就是在没有外力干扰的情况下，会保持状态不变，静止的总是静止，运动的总是运动。所以卫星进入轨道后，不再要动力，就可靠惯性继续绕地球飞行。演员玩流星总要用力，那是为了克服地球引力和空气的阻力。低地球轨道卫星由于受稀薄大气和其他一些因素的影响，速度会慢慢减小，离心力跟着减少，最后会被地球引力拉回地面，也是这个道理。

"宇宙哥伦布"

　　1492年，意大利航海家哥伦布从西班牙驾船航行到美洲，发现了欧洲人过去不知道的这块大陆，历史上叫"哥伦布发现新大陆"，哥伦布因此成为历史上的英雄人物。

　　1961年4月12日，苏联人尤里·加加林乘"东方"号宇宙飞船首先进入太空，并安全返回，立即成为全人类的英雄。在一次记者招待会上，一名美国记者问："你们是怎样找到这位'宇宙哥伦布'的?"主持人回答说："第一个进入太空的人应具备的品质是：英俊、聪明、可爱、有魅力、有教养，是飞行员、运动员、勇士……"

　　1934年3月9日，在苏联斯摩棱斯克荒凉地区的克鲁申诺村，一个小男孩诞生了。做木匠的父亲开玩笑地说："好在没有早生一天，男孩在（3月8日）妇女节出生是不合适的。"当时谁能料到，他就是未来的"宇宙哥伦布"!

　　30年代中期，正是苏联航天事业萌芽的时期。在加加林出生的这一年，苏联的气球上升到了22000米的同温层；后来成为苏联航天事业主要领导人的科罗廖夫，作了"火箭装置在同温层中飞行"的报告；而且，特别巧合的是，这一年，宇宙航行理论的奠基人、苏联航天之父齐奥尔科夫斯基论述了太空飞行和生命保障

宇宙哥伦布（加加林）

措施等问题，好像他知道第一个进入太空的人诞生了似的。

　　加加林从小就向往星空。当他躺在草地上听叔叔讲星星的故事的时候，总爱指着闪烁的星星提出"那上面有人吗？"这样一类问题。在第二次世界大战中，一架苏联飞机在一次空战中受了伤，降落在加加林家乡的沼泽地里。加加林和一群男孩跑到飞机跟前，帮助飞行员钻出座舱。不一会，飞来另一架战斗机，飞机上的驾驶员把加加林抱进机舱，给他讲解各种仪表的用途。飞机飞走了，但这件事在加加林的脑海里却留下了深刻的印象。从此，他迷上了飞机，幻想有一天能遨游蓝天。

　　反法西斯战争胜利了，这为加加林实现美好的憧憬铺平了道路。在学校里，他刻苦好学，几乎对所有的知识都感兴趣，其中最喜欢的是物理知识和航空模型制作。当模型飞机在旷野飞翔时，他总是望着天空遐想。

　　加加林如饥似渴地阅读介绍齐奥尔科夫斯基的书，并为这个坚毅、奋发、两耳失聪的人献身宇宙航行事业的精神所感动。他在日记里写道："齐奥尔科夫斯基使我整个身心都发生了变化。"他发誓要当一名飞行员。在中等工业学校学习时，他参加了萨拉托夫航空俱乐部。当飞机从山顶机场起飞，第一次把加加林带到空中时，他俯视着大地，意识到这一生将与天空结下不解之缘。

　　接着，加加林又反复阅读齐奥尔科夫斯基的著作。在物理小组的活动会上，他选择"齐奥尔科夫斯基及其发动机和星际航行学说"作为自己的报告题目。加加林在日记中写道："从那时起，我身上出现了一种医学上没有命名的'病症'，那就是飞向宇宙的不可遏止的渴望……使我牵肠挂肚，坐卧不安。"

　　1955年，他以优异的成绩从萨拉托夫航空俱乐部毕业，随后被奥伦堡空军学校录取，正式加入了飞行员队伍。1957年，他从航校毕业，驾驶着新型的喷气式飞机飞向高空。一开始，他就是一个出色的飞行员，但他不满足，更加向往神秘的宇宙，努力钻研宇航知识，还给学员们作报告。在他作完"齐奥尔科夫斯基的学说和未来的人类宇宙飞行"的报告后不久，苏联就发射成功了世界上第一颗人造地球卫星。激动的学员们围着加加林，一个劲地提问，好像他什么都知道，只是"不到时候不说"一样。而当有人追问"以后怎么样？"时，加加林便胸有成竹地说："是人飞上去的时候了。"

　　就在第一颗人造卫星发射成功的那天晚上，加加林凭想象画了一幅宇宙飞船图，并在日记中写道："我重新感到熟悉的'病症'和新增加的苦恼：一种飞向宇宙的渴望……"1959年10月，他经过深思熟虑后，向空军指挥部递交了一份报告。报告上说："为了发展苏联宇宙研究事业，可能需要人做飞向宇宙的科学试飞，请考虑我的迫切愿望。如果有可能，派我去做专职准备工作。"

　　1960年，加加林如愿以偿地成为星城航天员培训中心第一批预

"东方1"号载人飞船

备航天员中的一员。他的微笑、友善、幽默、善交际和勤奋好学，很快就成为航天员小组的精神中心。大家称他为"我们的尤拉"。无论是在失重、绝音室、离心机和跳伞等艰苦训练中，还是在工地和篮球场上，加加林总是最出色的一员。在第一次参观"东方"号宇宙飞船时，加加林第一个坐进驾驶室，总设计师科罗廖夫很快就注意到这个机灵的航天员。

第一艘载人宇宙飞船的发射期临近了，需要从"6人实验小组"中选定第一个上天的人，最终入选的就是尤里·阿列克塞耶维奇·加加林。1961年4月12日，在苏联拜科努尔航天发射场，巨大的火箭矗立在发射台上，火箭顶端就是"东方1"号宇宙飞船。把第一个人送入太空的一切准备工作已全部完成。科罗廖夫和加加林一起乘升降机登上发射台，来到飞船旁边。加加林望着蓝天，默默地深思着。还是科罗廖夫打破沉默说："你真是个幸运儿，将从那么高的空中观看我们美丽的地球"，"发射和飞行都不会很轻松。你既要经受超重，又要经受失重，还可能遇到没有预料到的情况……总之，什么事都可能发生。但你要记住，不管发生什么事，我们将竭尽智慧，全力援助你。"

加加林登上了飞船，他把自己固定在座位上。观看的人紧张得心脏好像要跳出胸膛，加加林却平静地等待发射时刻的到来。

莫斯科时间9时7分，火箭徐徐升起，透过巨大的轰鸣声，传来了加加林泰然自若的声音："走吧！"

"东方1"号飞船成功地进入轨道。从宇宙中第一次传来了人类的语言："多美好！我看见了陆地、森林、海洋和云的影子……"对于加加林传回的这第一批信息，心理学家高兴极了，总设计师也笑了。加加林宝贵的每一分钟观察，都凝结着人类的幻想和无数科学工作者的辛勤劳动。

加加林自如地操纵着各种仪器，驾驶飞船以每分钟450多千米的速度，在330千米高空绕地球飞行。这是空前的速度，这是空前的高度！

乘坐"东方1"号飞船起飞

108 分钟后，飞船降落在萨拉托夫一个农庄的田野上。农庄机械师在飞船着陆撞击的凹坑旁插了一块牌子，上面写着："别动！1961 年 4 月 12 日——莫斯科时间 10 点 55 分。"

加加林在总结自己的太空之行时说："我受命进行的历史上第一次宇宙空间飞行，证明人类是可以实现宇宙飞行的……宇宙飞行不是某一个人或某一伙人的事。这是人类在发展过程中合乎规律的历史过程。"

首先来到美洲的欧洲人哥伦布，首先进入太空的苏联人加加林，虽然他们相距 400 多年的历史，但他们具有一个共同的品质，那就是对事业的执着追求。正是这种品质，使人类不断地扩大着自己的活动领域。

天堂和人造天堂

俗话说，"上有天堂，下有苏杭"。你大概以为天堂——宇宙空间是环境最优美，最使人向往的地方。那好，现在请你从地面升起，上天一游吧。

"啊，升起来了。大地美极了，田野像棋盘，房屋像积木。这是多么惬意！"

"离地 5 千米了。山峦变成了芝麻，太有趣了！站得高，看得远，天上就比地上美！"

"离地 10 千米了。我怎么感到憋气？！"

——氧气已很稀薄，应戴上氧气罩。

"我离地已 40 千米了。哈，真好玩，大河变成了蚯蚓！我除了感觉冷一点外，一切正常。"

——是的，从地表到离地 50 千米为地球大气的中性层，大气分子和原子都处于中性状态，对人没有伤害。

"已 50 千米了，怎么有点不对头，稍一摩擦就有电火花，还劈劈啪啪地响，真有点害怕。"

"我已离地 60 千米了。呀，怎么感觉全变了，全身发胀，像是要爆炸，还火辣辣的。我受不了了，还是下来吧！"

——再往上，环境更险恶。离地 50～100 千米为地球大气的

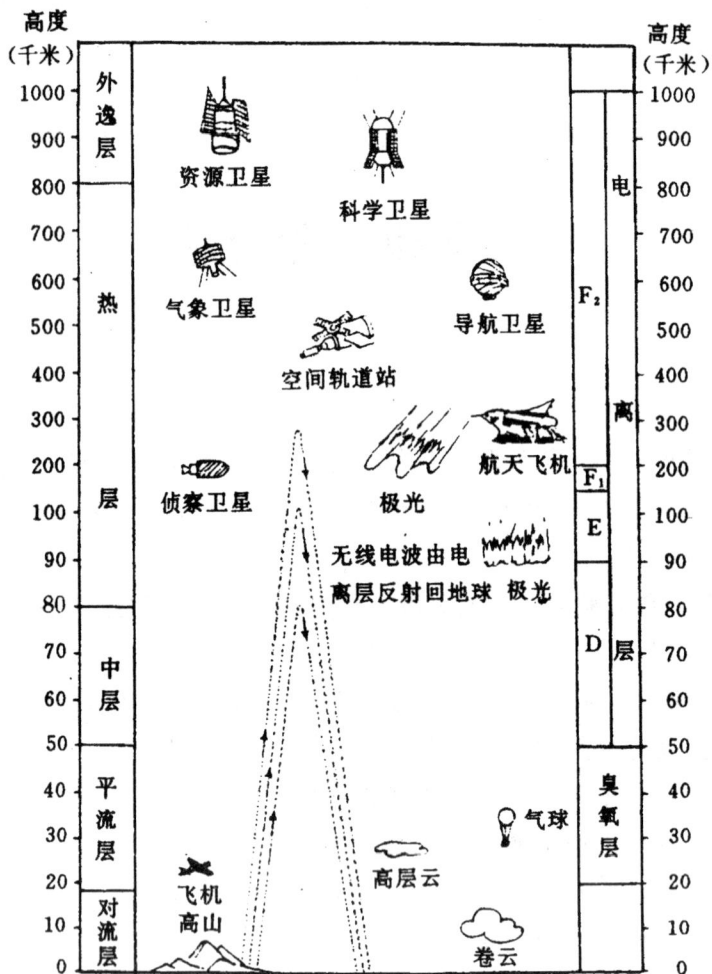

高度（千米）

外逸层　热　层

资源卫星

科学卫星

气象卫星

导航卫星

空间轨道站

侦察卫星　极光　航天飞机

中层

无线电波由电
离层反射回地球 极光

平流层　对流层

飞机
高山

高层云

卷云

气球

高度（千米）

电　离　层

F₂

F₁

E

D 层

臭氧层

地球在大气层及电离层分布

电离层，部分大气在太阳辐射作用下电离，形成大量正离子和电子。特别是在200千米以上，电子深度最高，而且经常存在。低地球轨道的载人航天器就是在这个范围内绕地球飞行的。这里虽然仍属于大气层，但习惯上把100千米以上的空间叫太空或外层空间，那里的空气已非常非常稀薄。

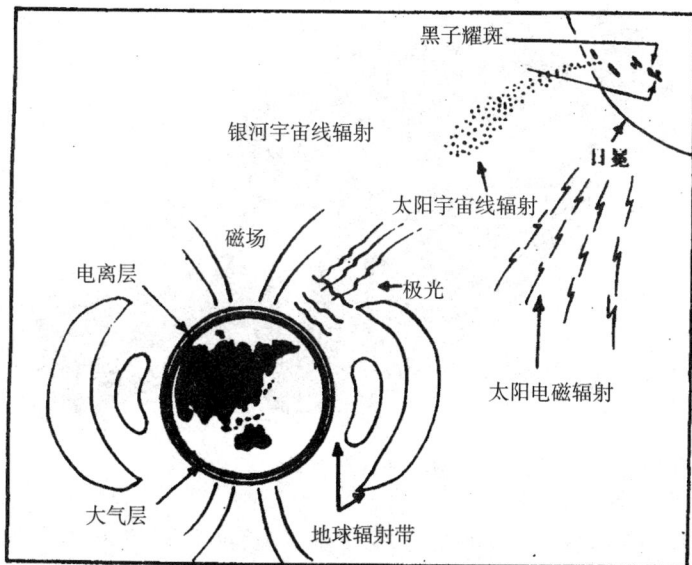

地球太阳间的空间环境

大气层之外为"地球行星空间"，它的范围，如果按地球引力计算，半径约 93 万千米；如按地球磁层算，半径约 6.5 万千米。那里没有空气，而有伤害生命的地球辐射带的辐射、太阳电磁辐射、太阳宇宙线辐射、银河宇宙线辐射。这些辐射意味着什么？你一定看见过放射科医生穿橡皮衣服，那是为了防止能杀死人体细胞的放射线的伤害；你大概也听说过可怕的杀人武器原子弹和氢弹的辐射杀伤。宇宙辐射就是这一类东西。这是多么令人生畏呀！还有高速飞行的微流星体，由于速度极快，米粒大小的微流星体也可以击穿几厘米厚的铝板。高轨道卫星就是在这个范围内飞行的。

"我可不敢到地球行星空间去。"

再往外是太阳系的行星际空间。那里也有太阳电磁辐射、太阳宇宙线、太阳风（太阳向外喷射的电子和质子等）、银河宇宙线和微流星星体。那里异常寒冷，是完全的真空。人在真空中是一刻也不

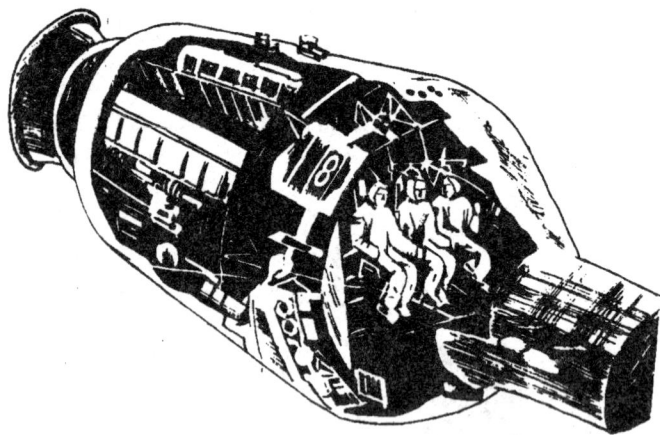

阿波罗飞船密封舱

能生存的，这不仅是因为没有氧气活不了，而且没有空气压力后，由于体内外的压力差很大，人的体液会沸腾汽化。载人登月和去火星的飞船等就要在这样的宇宙空间中飞行。

"啊哟，太可怕了！"

太空环境确实不是令人向往的"天堂"，而是杀机四伏的"天狱"。人进入太空，必须有很好的生命保障系统，这就是密封座航。

与宇宙环境比起来，载人航天器上的密封座舱，可算得上是一个"人造小天堂"了。它可以保护航天员不受各种宇宙辐射和微流星体的伤害。里面有与地面上差不多的大气压力和空气成分。比地面上有空调的房间还科学，不仅能自动调节温度和湿度，还可净化有害成分哩。

"我不相信。地面上的空调房间有室外的新鲜空气可换，太空中没有空气，小小的密封座舱，空气一会儿就污浊了，或者慢慢地跑光了。"

别着急，听我慢慢给你讲。航天员呼吸消耗的氧和座舱漏掉的空气，有贮备的氧气和空气补充，有专门的处理装置使航天员呼出的二氧化碳气体浓度不增加；还配备有专门的设备来处理仪器设备和人的汗液、粪便放出的有害气体。

"人体和仪器设备工作时产生的热量，使座舱内的温度升高了怎么办？"

温度调节设备可将座舱温度控制在18℃～25℃之内。

"航天员呼气和皮肤蒸发汗液放出的水蒸气呢？"

有湿度调节设备将座舱中的湿度控制在使人感到舒服的30％～70％的范围内；座舱里还有通风设备，使空气流动。航天员生活离不开水——座舱里有供水设备；从地面上带去的水有限——有废水处理装置使水能循环使用；人在太空生活，除工作外，还必须吃饭、睡觉和运动、娱乐——座舱里有厨房、食品柜、睡袋和各种运动娱乐设备；人生活会产生各种垃圾——座舱中有浴室、卫生间和粪便等各种垃圾的处理设备。

现在的大型座舱，装饰有地板和天花板，使人感觉与地面一样，有上下之分，因为丧失方向感会使人茫然，那是非常不舒服的。座舱墙壁有街道和风景等装饰，以开阔视线，排遣单调、寂寞的感觉，减少长期航天人员的"思地"情绪。座舱中还可种植花草、蔬菜，这既可点缀单调乏味的座舱环境，花草吸收二氧化碳，放出氧气又可净化空气和补充航天员需要的氧气，还可使航天员有轻微劳动休憩的机会。他们还可吃到自己种植的新鲜蔬菜哩！

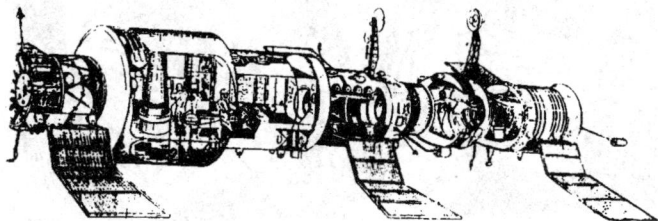

"礼炮"号航天站大型密封舱

你看，密封座舱确实是一个小天堂吧！当然，密封座舱不是供人享受的天堂，而是保障航天员生命的设备。它不仅一定需要，而且要百分之百可靠。否则就会威胁航天员的生命。1971 年 4 月，前苏联为纪念加加林太空飞行 10 周年，发射了第一座空间站"礼炮 1"号，不久又发射了"联盟 11"号飞船，并与"礼炮 1"号对接。当时前苏联每天都报道"联盟 11"号上 3 名航天员的消息。24 天飞行任务完成后，"联盟 11"号顺利返回地面。但当迎接他们归来的人员进入返回舱时，却发现他们"没有生命的迹象了"。原来是因为返回时，密封座舱的一个气门阀提前打开了几分钟，空气立即跑光了，3 名航天员因窒息而死亡。

为了保证航天员的生命安全，科学家还研制了航天服。在密封座舱万一遭到损坏时，航天服可以做为应急救生设备使用（关于航天服，我们以后再详细讲）。还有一种救生球，里面有维持生命的所有东西。实际上是一个小型密封舱，在座舱损坏时，航天员可以进

窒息死亡前的"联盟 11"号 3 名航天员

46

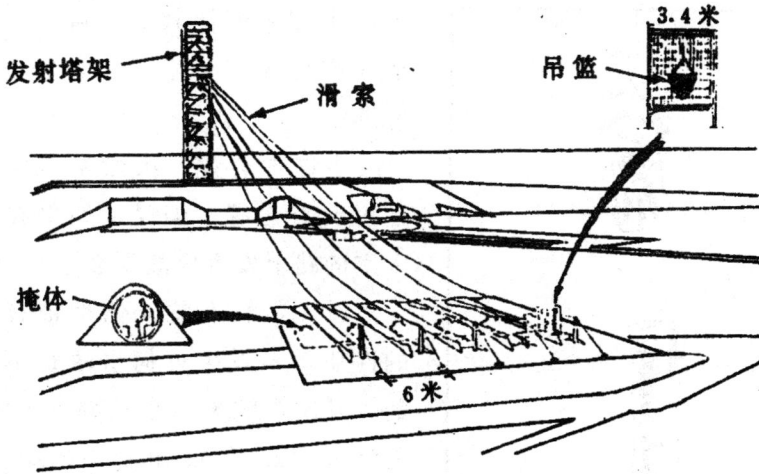

发射台的滑索和吊篮

桅杆式逃逸系统

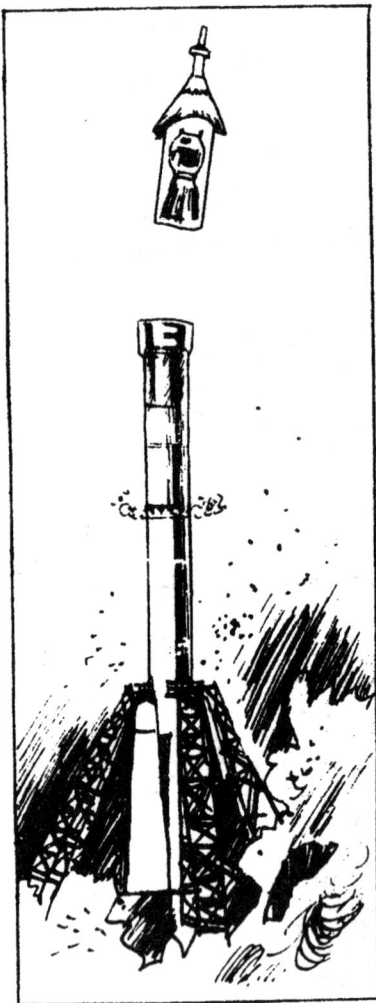

SL—4巨型火箭在发射台上爆炸，发射逃逸系统拉着"联盟T10"号飞船习离火箭

入救生球，等待救援。目前，人们还在研究太空救生艇、太空救援车等等。

也许你会说，虽然密封座舱考虑得天衣无缝，但是，如果在来去太空的路上发生事故怎么办？

首先，载人航天仍然带有探险的性质，不发生任何事故是不可能的。其次，航天的事故率（0.09％）与汽车（2.5％）、机床（2.4％）和飞机（0.21％）相比，是最低的。最后，科学家和工程师们已为载人飞船的发射和着陆，研究出了许多安全措施。如航天飞机如果在发射台上发生危险，航天员可以坐在吊篮中沿滑索很快滑到地面上来；如在起飞后不久（高度低于6000米）发生意外，一种桅杆式逃逸系统可以在90～100秒内把航天员全部送出座舱，然后打开降落伞着陆。前苏联应付起飞后、入轨前发生事故的办法是使用应急逃逸装置，它可以使座舱立即与火箭分离。航天飞机在到达6000米以上高度，但仍未入轨时发生故障，可在全球设置的四个紧急着陆场中的任何一个着陆场像飞机一样着陆，航天员可从紧急撤离滑梯撤离。

"你只说了发射和回收时的问题，在轨道上发生事故怎么办？"

啊，实际上已经说了。穿航天服，进救生球，等待太空救生艇或救援车去救援呀！如果航天飞机、飞船没有损坏，也可自己紧急返回。

"想法很好，到时是不是管用呢？"

上述措施中，有的还没有使用过，有的已很成功。这里有一个成功的例子。1983年9月28日，苏联发射"联盟T10"号飞船，当SL-4巨型火箭正要点火起飞时，火箭上的故障传感器突然发出火箭底部起火的警报信号，这意味着火箭可能在几秒钟之内发生爆炸，航天员面临死神的威胁。但是，发射应急逃逸系统立即把载人座舱推离火箭，接着火箭就发生大爆炸。2分钟后，2名航天员安全地降落在离发射台4000米的地方。

人造天堂是美好的，来去的路上是安全的，你可以放心去太空旅游。

有趣的太空生活

太空环境非常恶劣，可怕极了，怎么说有趣呢？

不错，在太空中，人类生存所依赖的空气和水等东西一样也没有，相反，却有随时能伤害生命的真空、严寒和辐射，还有那最折磨人的寂寞和孤独。但是，从一定意义上说，越惊险，越有趣。《鲁宾逊漂流记》的有趣，正在于它的惊险和孤独。何况，航天员所处的太空环境，具有防御真空、严寒和辐射的设备，一点不用害怕。而且，围绕地球运行的航天器，处在失重状态下。失重像个神奇的

方方坐航天飞机观看地球

在失重状态下飘浮

魔术师，把你熟悉的一切都颠倒改变了。你也许照过"哈哈镜"，当你看到自己那畸变的形象时，一定捧腹大笑。而失重可比"哈哈镜"的魔力大多了。

请看方方"太空一日游"的记载。

"旅游从晨曦开始，在一声巨响之中航天飞机起飞了，我全身抖动，但在固体火箭助推器熄火以后，氢氧主发动机只发出嗡嗡声，既不嘈杂，也不震动。就是身体总像被重物压着，躺在座位上动弹不得。这大概就是加速时的超重吧！不久，身体突然变轻了，我扭头往后看，嗨！头根本没有重量，好像已经离开了身体。原来航天飞机已经入轨，处在失重状态了，我可以任意飘浮，惬意极了！

"我飘向舱窗，首先要看看地球是个什么样子。嗬，一个以绿色为主调的斑斓球体，套在天蓝色的大地晕圈中，衬托在天鹅绒黑色的天穹下，美极了。这美景，通过我的双眼，映入我的脑海，印象是那样深刻，永世难忘。俗话说，站得高，看得远，真不错啊。在景山公园最高处看故宫，雄伟秀丽的建筑群全收眼底；在高层建筑

地球照片　左上方是非洲，下边是冰雪覆盖的南极洲，左
　　　　　　边是大西洋，右边是印度洋；地球上空飘浮着
　　　　　　各种形态的白云。

美国"阿波罗17"号登月飞船摄

上望北京，古城新貌尽入眼帘；在飞机上看大地，名山大川，全踩脚下。但看到的仍然是一个平面，对整个地球来说，犹如管中窥豹。而现在……多有趣呀！

"我决定要很好地利用这难得的机会，静心细细观察人类的这个可爱的摇篮。这里是晴区，太阳照耀着层峦叠嶂；这里多云，平原上有云块的投影；这里是风、雨、雷、电横扫的大洋，而那边却可看到航船的尾迹……要是再高一些，如到月球上去，能看到地球的自转该多好啊！

"想着，想着，航天飞机飞临中国上空，正好赶上白日晴天，我立即看到巍巍昆仑、九曲黄河和长江。再定睛细看，看到了，看到了万里长城和北京！多么熟悉，多么亲切！看来，在近地太空，只要是白日晴天，可以找到飞行轨迹之下熟悉的大目标。如荷兰的围海工程，埃及的金字塔，至于法国航天员辨认出艾菲尔铁塔也不是奇怪的事。

"夜色突然降临，但时间很短。不久，出现鱼肚白，接着是几条月牙形彩带，两头陷没在地平线上。很快，太阳就从彩带的最宽处一跃而出，一切彩色顷刻消失。整个日出过程只有几秒钟，日落也一样。在12小时里，看到8次日出日落，每次的彩带都不相同，有趣极了。

"我想换个节目，就到游艺室去玩玩具，可无法准确地迈步，老是走不到要去的地方，不是碰倒这个，就是撞翻那个。想抓住什么，把弄倒的东西放回原处，又总是笨手笨脚的，反而'上香弄倒了菩萨'，把别的东西推倒了……

"经过一段时间的实践摸索，我开始对失重有些习惯了，就玩陀螺。我把转动的陀螺放在空中，它不着地，可转动得与地面上的一样快，但时间要长得多。我用饮料管捅它一下，它不倒，也不摆动，但像触电一样往后退。

"接着，我玩磁性弹子游戏。每颗塑料弹子里面有一块条形磁铁。在地面上，一颗弹子的磁力只能吊起五颗弹子，但在失重环境中，可以在任意方向上连接无数颗弹子。浮在空中连成直线的弹子，只要吹一口气，它就可以首尾相接，形成一个圆环。把一个圆环推向另一个圆环时，它们有时相互排斥，有时连成一个8字，有时又合成一个大圆。

"玩累了，想吃点东西。稍带粘性的食物贴在盘子上，我用刀叉像在地面上一样进食，只是得先把身体固定住，动作要轻，小心翼翼。不然，刀叉和盘子会飞起来；进食时不能张口，否则，一呼气，食物就会从口中飞出来，到处飘扬。吞咽时也要用力。

"吃过东西后，我又来到游艺室练习变戏法。在太空变戏法，比地面上容易得多。我先把一个苹果抛出去，用身体做掩护，不让人注意。然后伸手表示，手里没有苹果。等苹果反弹回来，隐蔽地抓住它，再向观众展示。这样，苹果在我手里时隐时现，变幻无穷。

"我在太空反复玩玩具和戏法，不仅是因为很有趣，而且是许多在地面上难以理解的物理原理，在玩玩具的过程中看得一清二楚。如将上紧发条的玩具汽车放在竖放的圆环形导轨的内侧，开始汽车在发条力作用下快速沿导轨跑动，由于摩擦力的影响，速度越来越慢，最后像蚂蚁爬一样。这时，别以为汽车到达圆环顶点时会掉下来，其实由于汽车已经失重，微小的圆周运动速度产生的离心力，足以使汽车留在圆环的导轨上，并继续沿着导轨缓缓跑动。

"12小时飞快地过去了，该到睡觉的时候了。在失重状态下睡觉，站着也可以，无所谓横、竖、倒、顺。也可以飘在空中睡。但为了避免碰撞，还是将睡袋拴在舱壁上。为了避开噪声和昼夜节奏

太空中的睡眠

方方大便

快速变换的影响，我带上眼罩和耳塞。

"在太空睡觉，虽然很香甜，但我惦记着观看地球一半的白昼景色和另一半的夜景，只睡了6个小时就起来了。地球的夜景也很美。在两次地球观察中，我看到了美丽的北极光和明亮的欧洲灯火；美国城市的灯光大致勾画了美国的海岸线和大湖的轮廓；日本的轮廓更明显，而且有渔民们诱捕鱿鱼的灯光形成的光岛；西伯利亚铁路的灯光连成一串；不发达地区的灯光则暗淡得多，只有油田燃烧天然气和农民放火烧荒的火光明亮可见。

　　"本来不想在太空中大小便，但实在憋不住了，只好坐到马桶上。上天前人们告诉我，一定要系上固定带，否则人飘起来，臀部离开马桶，屎尿就会到处飘浮。好在我没有出丑。

　　"航天飞机再入大气层，速度在剧减，又感觉到超重的压力，同时听到越来越大的声响，那是航天飞机冲击空气产生的激波声。舷窗外闪耀着不断变化的颜色：开始是浅玫瑰色，接着越来越红，红中透白，然后是桔红色，最后变成全白，那是航天飞机与空气剧烈摩擦发出的光亮，像霓虹灯一样美丽。

　　"短短的太空一日游结束了，虽然体验还不丰富，但太空生活确实有趣极了。但愿再有太空旅行的机会。"

太空工作，眼高手低

　　一场激烈的球类比赛，当你看到该赢而没有赢的球时，往往会埋怨有关的运动员"真笨!"其实，如果你自己上场，可能连球都摸不着，这叫"眼高手低"，就是看起来容易，做起来难。对于太空工作，也会出现类似这种眼高手低的情况。一些在地面上很容易完成的动作，在太空却很难完成。

　　1982年，在"礼炮7"号航天站上度过211天的苏联航天员列别杰夫，讲述过这样一件有趣的事情。

　　一次，他和别列佐沃依卸完"进步"号货运飞船送去的货物后，已累得满头大汗。休息了片刻之后，他伸手从一个袋子里取一个螺栓，往外拿时，动作快了一点，结果所有的螺栓都跟着飞了出来，四处乱飞。他俩急忙放下工作，飘浮着去捕捉螺栓。这在地面上是最容易做的事，可是在航天站上要抓住一个螺栓，就像要在水中捉住一条活鱼那样困难。他们费了九牛二虎之力，才一个一个地将螺栓"捉拿归案"，装进袋子里后立即将袋子口扎好，生怕它们再飞了出来。过了很长时间，他们还望着袋子喘粗气。

　　在太空轨道上工作出现这种"眼高手低"情况的原因是失重。在地面上，由于地球的吸引力，一切静止的物体总是处在固定的位置上，不会无故地挪动，人可以稳固地站立着工作，工作时的一切

"礼炮7"号宇航员飘浮去抓螺栓

动作和使用的工具都与重力环境相适应。一旦进入太空轨道，重力消失了，许多自然规律改变了，可人们并不熟悉或不习惯那些规律，就像没有玩过球的人不熟悉球性一样，自然会"眼高手低"了。

在失重条件下走路，你得学斯文点，否则，用力过猛，你会被弹得老远，碰到"南墙"才能折回，还可能再碰"北墙"哩！在航天站上松紧螺丝，不能像地面上一样，拿起扳手或改锥就拧，那样，反作用力首先使你旋转起来，而螺丝却纹丝不动。你用锤子钉钉子，锤子敲在钉子上，钉子可能没钉上，可锤子和你会被弹出好远、好远。即使是向舱外倒垃圾这样的简单劳动，也需要高超的技巧。甚至连穿衣服也要经过练习，否则气喘吁吁也穿不好。

如何才能不"眼高手低"呢？

首先，要适应失重环境，制订出与失重环境相适应的操作规范和规程。如在太空工作时，须将自己固定住，而且不分上下横竖，可固定在最有利的方向上。工具也必须用链子拴住，否则它会不翼而飞。对产生碎屑的工序，如锯和刨，操作前必须把收集碎屑的装置安装好，否则碎屑到处飘浮，污染环境，损坏仪器设备。在舱外工作时须特别小心，不让某种尖利的东西或焊接的火花损坏航天服，

太空工具

否则氧气漏走，人会被窒息；衣服中的加压空气漏走，人的身体暴露在真空中，体液会沸腾汽化；航天服保护层损坏，人会受到宇宙线辐射、微流星体撞击和极高、极低温度的伤害。

其次，研制出适合失重环境使用的工具。许多太空工具是多功能的，用起来方便、省力、效率高。对太空工具的一个主要要求是，使用时能消除反作用力。如太空中使用的锤子是空心的，里面装有许多钢砂。这样，用锤子敲打时，钢砂可以把反作用力分散吸收掉，锤子就不会弹跳起来了。除工具外，还要有一些配套设备，如在舱外露天工作时，必须有特别照明灯，因为目前的载人航天器约 90 分钟绕地球一周，也就是说，白天只有 45 分钟左右，接着就是 45 分钟的黑夜。被加工的物体，一经触动就会飘走，因此，固定工作的平台是十分必要的。1984 年，美国为了在太空修理出了毛病的"太阳活动峰年探测卫星"，制造了一套价值百万美元的卫星修理工具。

经过地面上的严格训练，又有了适合的太空工具，目前航天员已能熟练地在太空工作，不再"眼高手低"了。1985 年 4～5 月间，美籍华人王赣骏乘航天飞机进太空做实验。进入轨道不久，他的实验设备就出了毛病。由于他有良好的地面训练基础，加上他顽强的意志，连续工作数小时，以熟练的技巧，终于将实验设备修好，胜利地完成了实验任务。

航天员走出航天飞机，回收检修太阳活动峰年探测卫星

　　从1979年12月到1985年11月，苏联航天员在"礼炮6"号和7号航天站上，共完成1600多项科学实验和材料加工工作。1984年7月，苏联女航天员萨维茨卡娅在"礼炮7"号航天站外工作3个多小时，尽管穿着不那么柔软的航天服，每完成一个动作都要消耗比地面上多得多的体力，但她还是完成了复杂的操作，检验了万能手工工具，完成了切割、焊接、钎焊和喷涂等实验任务。1987年在太空工作了326天的罗曼年科与其他航天员一起，完成600项天体物理实验、130项地质物理实验、170项医学实验、近百项工艺实验。

1984 年 4 月，美国航天员走出"挑战者"号航天飞机的密封座舱，进入太空，将出了毛病的"太阳活动峰年探测卫星"收回到航天飞机的货舱中，经修理后又重新施放出去。美国航天飞机上的航天员还像飞机空中加油一样，在太空轨道上成功地给飞行中的卫星添加了燃料。最有趣的是，1985 年 11 月，美国航天员罗斯和斯普林在航天飞机座舱中，用 2.5 厘米粗的 93 根铝管搭架子。他们熟练地搭好又拆，拆了又搭，像小孩玩积木一样。不过，他们可不是为了玩，而是在练习太空建筑技术，以便将来在太空轨道上组装永久性航天站。

随着航天技术的飞速发展，太空已成为人类活动的最广泛的领域。利用那里的失重、真空等条件，可以制造地面上难以制造或不可能制造的许多产品，如最圆的滚珠，无杂质的高强度金属和地面上不能均匀混合的特种合金，纯净、贵重和稀有的药物，用于电子产品的单晶体、半导体和超导体，以及珠宝等等。

据统计，目前的技术已可以在太空制造 400 多种产品，这还不包括利用太空的特殊条件进行许许多多的科学试验项目。可以预见，在不久的将来，就会出现大规模的太空科学研究和工业、商业活动。到那时，或许需要你到太空去工作哩！

太空工作是十分有趣的。如在失重条件下冶炼金属和合金，不用熔炉，被冶炼的金属悬在空中，通过高频加热，它随着温度的升高，不断地变换着颜色，发出各种不同色彩的光辉，美丽极了。只是到时候你可要操作好，千万别眼高手低啊！

太空行走，险而不惊

　　我曾经爬上过长白山林海之中那高高的护林塔，一目千里，壮观极了，但低头往下看，顿时觉得全身酥麻，一种一坠千尺的恐惧感袭击心头。或许你也有过这样的体验：站在高楼顶上往下看，会心发慌，腿发软。从几千米高的飞机上跳伞，确实是勇敢者的惊险事业。那么从离地面三五百千米的航天器中走出来，在太空中行走和作业，又该是多么的惊险呀！

　　但是，事情并不能这样类推。请看 1982 年在太空生活 211 天的苏联航天员列别杰夫走出座舱时的途述："地球就在我身边"，"当然，这是错觉。但是，我并未感到在太空。下面似乎是画面。"当航天器进入地球阴面时，他又说："现在是一片黑暗，似乎是农村的夜晚，只有一盏灯火，一所小屋，门敞开着。"从这些话语中，一点也感觉不到他有在地面上处于高空的那种恐惧感。看来在太空中行走是险而不惊的。

　　为什么在太空行走不会产生惊恐的感觉呢？这是由于在太空行走时，除了眼前的航天器和遥远的天体外，没有任何参照物作比较，分不出距离的远近和速度的快慢，远在天边的东西，可能以为近在咫尺。1984 年 2 月，美国航天员斯图尔特不系安全带，走出航天飞机座舱，用喷气背包在太空行走时，地面指挥中心告诉他离航天飞

机太远了，他就操纵喷气背包往回走，然后问
指令长布兰德："现在行了吧!"可指令长却说:
"你怎么还往前走!"

在太空行走没有处于高空的那种恐惧感，
却有彻底的与世隔绝和绝对的孤独感。异样的
宇宙背景，使航天员感到世界与自己没有什么
关系，无论发生什么事，都没有人来帮助。除
了白天能看到太阳和地球外，其余什么也看不
到。因此，航天员都不愿意在夜晚走出座舱，
这样会失去心目中的伙伴——太阳和地球。

其实，航天员在太空行走，存在着宇宙的
高真空、宇宙线辐射、微流星体和太空垃圾撞
击等许多危险，如果飘离航天器太远而不能返
回，则就成为一颗"人体卫星"，永远围绕地球
旋转了。

舱外活动航天服

为了保障航天员太空行走的生命安全和往来自如，他们必须穿
舱外活动航天服和带太空行走机动器（喷气背包）。

广义来说，在航天飞行时穿的衣服都叫航天服。不过，由于航
天器密封座舱中的环境与地面上差不多，在那里穿的衣服与地面上
的衣服也差不了多少。所以航天服（又叫宇宙服）一般是指能独立
保障航天员生命安全的那种服装，主要在出舱活动时穿用，故又叫
舱外活动航天服。在座舱遭破坏时，也可用作紧急救生设备。

航天服要保障航天员的生命，它要具备哪些功能呢？首先是压
力功能。太空是真空，如果让身体暴露在真空中，人会因体液迅速
蒸发而死亡。所以航天服中要充气，对人体造成一定的压力。要充
气，必然是密封的。其次是供氧功能。要能在一定时间内供给足够
的氧气，以维持航天员正常的生命活动。第三，散热保暖功能。使

航天服中保持在一定的温度范围内。第四，废气处理功能。不使呼出的二氧化碳等有害气体增加到有害的程度。第五，防宇宙线辐射和微流星体伤害的功能。这些是起码的功能。其他还有，穿着航天服，也要能进食和大小便。手腕和双膝等关节部位要能弯曲伸缩，等等。这些功能要求，确定了航天服是非常复杂笨重的，里里外外有许多层，里面的各种管线纵横交错。

穿着航天服进入太空，还必须往来自如，所以在航天服的背上还有一个大背包，它在各个方向上安有一些喷嘴，利用它向不同方向喷气产生的反作用力，可以向前后左右上下自由运动，所以叫喷气背包或太空机动器。在太空行走，还必须与舱内或地面上保持联系，所以航天服背上还有一个装通信设备的通信背包。所以，人要

带喷气背包的太空行走

在太空中行走，就像蜗牛行走一样，把衣食住行等全套家什都背在背上了。

穿着航天服在太空行走是非常费力的，不仅站稳要费很大力气，连手臂平衡都极困难。每完成一个动作，要比地面上多消耗几倍的力量。1988年，苏联航天员马纳罗夫和季托夫经过5个多小时的舱外工作，航天服手套就被磨损了，可见太空工作的艰苦。1988年12月，苏联航天员沃尔科夫和法国航天员克雷蒂安走出"和平"号航天站的密封舱，在太空行走6小时后，克雷蒂安累得再也迈不动步了，在沃尔科夫的帮助下才返回座舱，这时，他们已无力解脱鞋带，连茶杯都端不起来了。

尽管太空行走非常困难，但它是太空活动所不可缺少的，如航天器的舱外维修安装作业，回收维修卫星，给卫星加燃料，以及太空装配和建筑等都离不开太空行走，所以美苏两个航天大国一直非常重视它。由于意义重大，前苏联还有一段争夺太空行走第一的秘史。

1964年，苏联人得知美国正在研制舱外行走设备，为了夺得太空行走"第一"，决定让第二年发射入轨的"上升2"号飞船上的航天员进行太空行走。但这种飞船很狭小，没有进出太空的双门过渡舱，重新设计飞船，时间上显然来不及。怎么办？苏联首席航天科学家科罗廖夫的同事塞弗林想出一个办法，就是用一个可膨胀的简易气闸来代替。他们日夜加班，赶制了几个气闸，顺利地经过了地面和飞机、卫星上的一系列试验。但是，1965年2月22日装在"宇宙57"号卫星上做最后不载人试验时，在太空中爆炸了（后查明是操作人员发错了指令）；接着用飞机弹射时，因降落伞未打开又失败了。时间已不允许再进行一次不载人飞行试验。这时科罗廖夫又病入膏肓。塞弗林在听取各方面的汇报后，决定按原计划载人飞行，他的决定得到了批准。1965年3月18日，列昂诺夫从"上升2"号

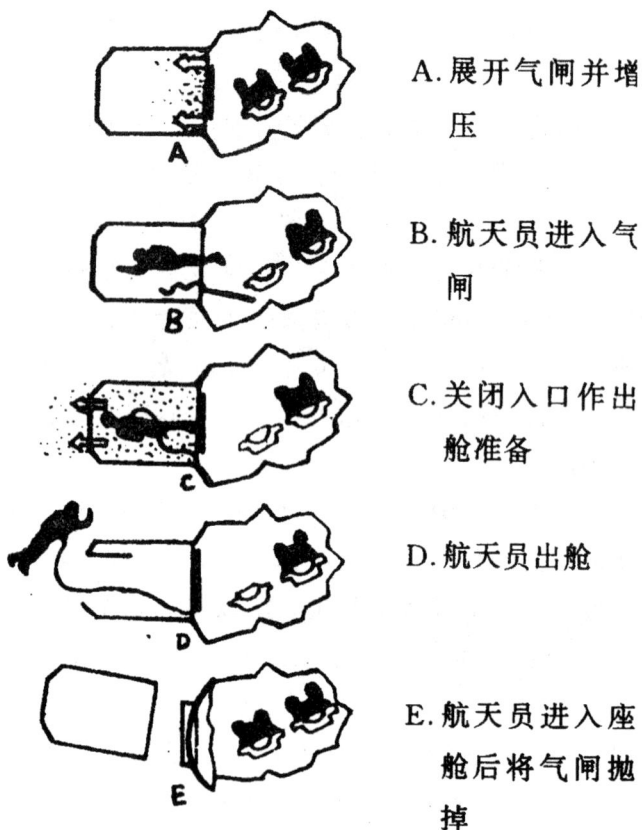

A.展开气闸并增
压

B.航天员进入气
闸

C.关闭入口作出
舱准备

D.航天员出舱

E.航天员进入座
舱后将气闸抛
掉

列昂诺夫出舱程序示意图

飞船中走出，在舱外活动了 20 分钟，夺得了太空行走"第一"。接着，美国航天员怀特于 6 月 5 日也走出"双子星座 4"号飞船，在太空行走了 20 分钟。

早期的太空行走确是在冒极大风险下进行的，但对航天员来说，他们并没有任何惊恐的感觉。在有了成熟的航天技术和完善的出舱设备的今天，太空行走险而不惊，航天员的安全是有保证的。

上面，我们讲了一些航天基本知识和在地球行星空间中的一些应用。下面，我们将离开地球，到太阳系的广大范围内去考察；我们还要冲出太阳系，到广袤的宇宙中去旅游，去结识外星人、探求宇宙奥秘，因为这也是航天技术应用的重要方面。

由于月球离我们最近，又是最先进行探测的，并且人类已经登上了月球，所以先讲月球探测。

到月宫去

在浩瀚的宇宙中，月球是离地球最近的天体。俗话说，近水楼台先得月。那么，对于近宇"楼台"——航天技术来说，在宇宙探测方面，自然会首先选择月球。

也许，你听妈妈讲的第一个神话，就是有关月球的故事。什么嫦娥奔月、蟾宫、桂树啦；什么天狗食月、月下老人啦。确实，那柔媚神秘的月亮，有时弯如银镰，有时圆如明镜，实在使人遐思万千。因此，你可能已经非常熟悉月球，知道月球上没有大气，没有水，没有任何生命的痕迹，一片荒凉，完全是个超级沙漠，实际上没有多少诱惑力。甚至你也可以用简单的实验说明，由于月球的自转和绕地球公转的速度相同，所以它总是用同一面对着地球。假如桌子是地球，你自己是月球，当你总是面向着桌子绕桌子转一圈后，会发现自己也正好转了 360°。月球运动的这种特性，是受潮汐长期作用形成的。但是，你知道月球的来历吗？为什么要探测月球？开发月球对人类有什么意义呢？

月球是个理想的科研基地。由于月球上没有大气，宇宙线、太阳辐射、太阳风、流星体等宇宙信息，可以不受阻碍地到达月球表面，是高能物理研究的理想场所，如可用专门仪器分析各种宇宙射线，也可用一种叫做"粒子加速器"的设备打开物质深层的微观结

月球基地

构，开辟物质性质研究的崭新领域。月球也是绝妙的天文观测基地，因为那里没有大气的干扰和影响，在月球背面，还没有人造光源和无线电波的干扰，光学望远镜有十分清晰的视场，射电望远镜可以进行全波段的天文探测（这其中的物理，我们后面专门说）；月球自转缓慢，跟踪目标容易；月球上的有利条件，可能更容易探测到宇宙中的许多奇异现象。月球也是理想的生物工程研究基地。如在那里进行生命形成的遗传工程实验，不用担心有各种有机物的渗入，这样可大大提高实验的可靠性和准确性。

月球还是个理想的能源基地。由于没有大气的阻隔，月面上的太阳能电站效率要比地面上高得多，可以生产廉价的电能。同时，月面有丰富的氧化物，可生产火箭燃料液氧。

月球是个理想的航天发射站，因为月球的引力只有地球的1/6，在那里发射航天器，需要的燃料比地面上少得多，用小型火箭就可发射大飞船。探测和开发火星、木星等行星的飞船可在月球基地歇脚，在那里补充燃料和装备。因此，月球又是星际航行的中继站。

月球还可成为一个大有作为的工业生产基地。月球上有丰富的铁、钦、铝和地球上缺少的许多稀有元素，可以发展冶金工业；还有遍地皆是的硅，它可以制造计算机芯片、光导纤维、纯净玻璃和建筑材料，因此可以发展电子和建筑工业。还有其他许多工业。

月球的这些有利条件，使人类有可能、也有必要在那里建立永久性的居住基地。因此，人们正在酝酿重返月球。

月球-1（苏）

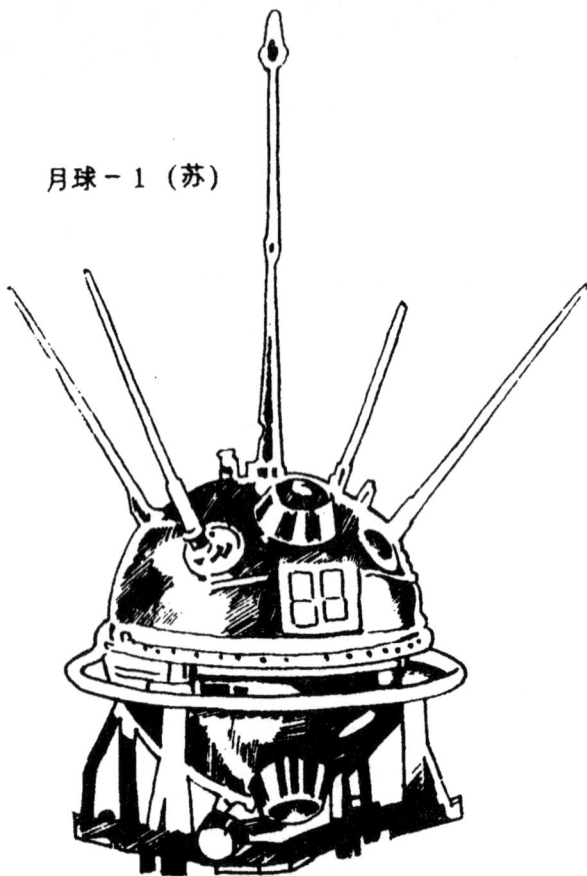

苏联的第一个月球探测器

目前月球上最大的不足是没有水。但据推测，在月球的两极可能藏着水。如果确实是这样的话，开发两极的水不仅可以解决人员生活和农业种植用水，而且可以分解水获得氢，制造火箭燃料。氢与丰富的氧化钛铁作用，又可生成水。水又可分解成氢和氧。如果用氢把月土中含有的 40％的氧的一部分分解出来，再释稀氮，便可形成月球大气。那样，月球安全有可能成为人类的第二个世界，它可以自给自足，独立于地球之外。一旦地球文明遭受彗星撞击或由于核战争而毁灭，月球则可以供人类继续生存，使人类的文明和历史延续下去。

月球对人类这样重要，难怪在航天时代刚刚开始的时候，美国和苏联之间就开展了一场激烈的探月竞争。当然，在"冷战"年代，抢先探月还有政治目的，可在宣传上压倒对方。再有，如能在

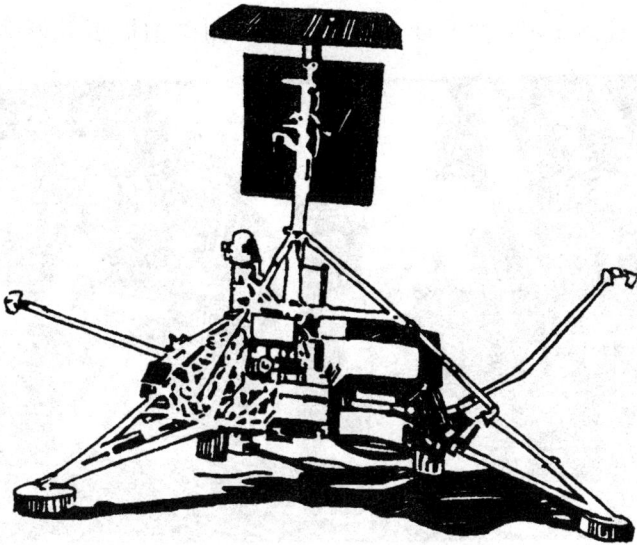

美"勘测者—1"号探测器

这个天然卫星上建立军事基地，由于月球总是用一面对着地球，而且巨大、平稳，在那里用导弹攻击对方，要比在人造卫星上有利得多哟。

1959年1月4日，苏联抢先发射了第一个月球探测器。同年9月14日，它的第二个月球探测器成为首先碰到月球的人造物体。10月7日，它的第三个月球探测器首先拍摄了月球背面的照片。这时，在研制火箭和发射卫星的竞争中已经败给苏联的美国，非常着急，决心要在10年内首先把人送上月球，希望能在月球上把苏联人"摔倒"，争回一些面子。为此，首先制定了一个"游骑兵"探月计划。但是从1961年8月到1964年1月的6次发射和飞行都失败了。只有1964年7月到1965年1月的最后3次取得成功，拍摄了17000多张月球照片。但紧接着苏联探测器又于1965年7月拍摄了1/3的月背照片，1966年2月3日首先在月面软着陆，同年4月3日首次绕月球飞行成功。于是美国又执行"勘测者"探月计划，从1966年5月到1968年1月，共有5个探测器拍摄了5万多张月球照

"土星5号"号火箭

阿波罗飞船

片。同时，从 1966 年 8 月到 1968 年 1 月还执行了"月球轨道飞行器"计划。通过 5 个探测器的探测，绘制了月球图，选定了 5 个载人飞船着陆点。但在这期间，苏联又发射了 5 个月球探测器，还研制了第三代载人飞船和可以发射登月飞船的世界上最大的火箭。美国人深怕苏联人再抢先登月，于是全国动员，加紧执行"阿波罗"载人登月计划。为此研制了巨大的"土星 5"号火箭和"阿波罗"飞船。在经过 10 多次无人飞行试验后，准备进行载人飞行试验。可是，在 1967 年 1 月 27 日的地面试验中，由于充满纯氧的座舱起火，3 名航天员被烧死，但这没有影响美国的登月竞争。又经过 3 次无人飞行试验后，从 1968 年 10 月起，开始进行"阿波罗"飞船的载人飞行试验，到 1969 年 5 月，共进行 4 次。这时，苏联已在轨道上练习两艘载人飞船的对接技术，航天员通过太空从一艘飞船转移到另一艘飞船上，这是登月飞行所必需的技术。1969 年 7 月，苏联又发射"月球 15"号，这被认为是与美国载人飞船匹敌的探测器。美国于是在 1969 年 7 月 16 日向月球发射第一艘载人的"阿波罗"飞船——"阿波罗 11"号，7 月 20 日到达月球，21 日 2 时 56 分 20 秒，阿姆斯特朗在月面上印下了人类的第一个脚印。到 1972 年 12 月为止，共有 6 艘"阿波罗"飞船把 12 名航天员送上月

阿波罗飞船登月舱

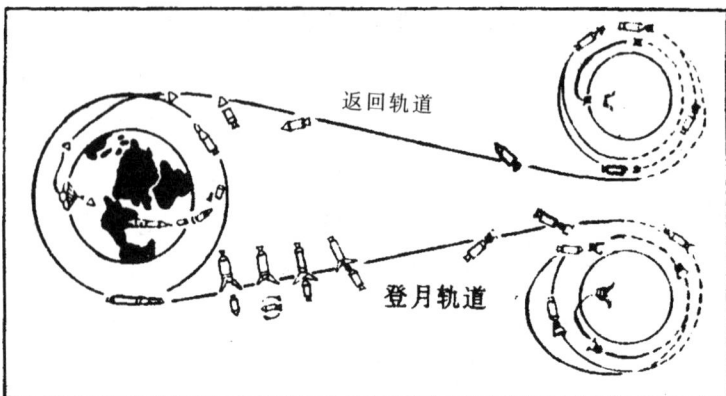

"阿波罗"飞船登月线路

球，在月面停留 300 多小时，考察 70 多小时，行程 100 多千米，带回月球土壤和岩石样品近 400 千克。前后参加这项计划的公司两万家，大学 120 所，总人数达 400 万人。花销的钱在 250 亿美元以上。

苏美的这一轮探月活动，大大地丰富了人类的月球知识。但是，对月球是如何形成的这个问题，仍然没有得到解决。科学家仍各执己见，有说是在 46 亿年前与地球同时形成的，有说是后来被地球俘获的，有说是地球与另一颗行星相撞时分离出去的。人类重返月球时，科学家将通过进一步研究来解决这个问题。自太阳系形成以来，月球不像地球那样，被大气风化和人类活动搞得面目全非。因此对月球的研究，也可以了解到地球的早期情况哩！

你愿意参加这样有意义的月球探测吗？这种"近水楼台先得月"并不坏啊！

了解"母亲"和"宠儿"

太阳是太阳系的母亲,是她的巨大引力规范着众多的行星、小行星和彗星井然有序地围绕她旋转,形成一个庞大的但纪律严明的家族。太阳除了自转外,还带领她的家族绕银河系中心快速运行,2.5亿万年转一圈。太阳虽已50亿岁高龄,但正当中年,仍然多彩多姿,不断地向她的家族成员施予着光和热。

太阳的质量占整个太阳系质量的99.86%,是八大行星质量总和的745倍,是地球质量的33万倍。它的体积可以放得下130万个地球,直径达139万千米,是地球到月球距离的3.6倍。太阳的构成,氢占71%,氦占27%,此外还有碳、氮、氧、氖、镍、铁、镁和铝。由于温度太高,这些元素都电离成为离子和电子,形成等离子体。所以太阳是一个炽热的气体球。它的内部是太阳核和对流层,外部是大气层。太阳中心的温度高达1500万℃,在这样的高温下,每秒钟有6亿吨氢发生核聚变反应。大家知道,每1克氢核聚变可产生1500亿卡热,这些热能把1500吨水从0℃加热到100℃。太阳每秒钟产生的总热量达90亿亿亿卡。这相当于太阳上每秒钟有1000亿个百万吨级的氢弹同时爆炸。这个热量可以即刻把地球上的全部海水烧开。当然,通过太阳光等辐射的形式到达地球大气层外的热能只有总热能的二十二亿分之一。这些热能又有一半被大气层反射出去，到达地球表面的只不过是四十四亿分之一。但是，正是这一点点热能，使地球人类繁衍生息，万物生机勃勃。现在地球人类面临着能源危机，如果把太阳母亲施予的热能再多利用一点点，就足以把"能源危机"这个词从辞典中永远地除掉。

"母亲"也有发怒的时候。太阳大气层由里往外分为光球层、色球层和日冕层。光球层的温度约 6000℃。光球层上有一种气体活动现象，叫黑子活动。所谓黑子，其实并不黑，只是因为这种气体活动区温度较低（4500℃），相比之下显得暗淡一些。黑子数量不是稳定的，有时多有时少，常常是成群出现，有很强的磁场。黑子活动向外发射高能粒子，剧烈时，引起地球上电离层扰动和磁场暴发。黑子活动还影响地球上的气候。

在色球层里有时会出现明亮的闪光，像是一次巨大的爆发，这是一种能量爆发，我们叫它"耀斑爆发"，常出现在黑子群附近。一次耀斑爆发的能量，相当于 100 亿颗百万吨级的氢弹爆炸，产生大量的紫外线、X 射线、γ 射线和高能带电粒子（即太阳宇宙线），它们扰乱地球磁场，引起磁暴；破坏电离层，造成短波电信中断；强辐射和高能粒子流对地球上的生物和电信设备，特别是对正在轨道上飞行的航天器和航天员造成伤害。

在日冕层，由于气体对流摩擦，使温度升高到 250 万度，各种物质都成为电离度极高的离子。这些流动的离子体常常形成冕洞。冕洞像喷气发动机的喷管一样，不断向外喷射高温磁化的离子，这些带电粒子形成强劲的气流，以几百倍音速的速度吹遍整个太阳系，

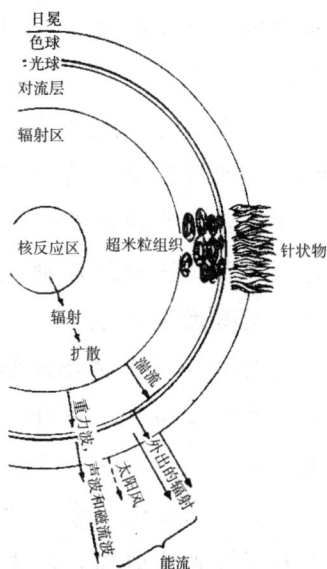

太阳结构图

我们叫它"太阳风"。在太阳黑子活动剧烈和耀斑爆发时，太阳风最强劲。

太阳风的发现过程是非常有趣的。人们在古代就发现了彗星，同时发现彗星尾巴的方向是变化着的，但它总是背着太阳，就像是在太阳面前感到害羞一样，把尾巴藏在身后。这是为什么？17世纪著名的天文学家开普勒认为是太阳光的光压造成的。但后来通过计算，光压远远没有那么大的力量使彗星的尾巴拖得那么长。直到1958年，美国天体物理学家帕克从理论上指出，那是从日冕发出的太阳风造成的。1962年，"水手2"号探测器在飞往金星的途中，首次证实了太阳风的连续存在。

由于地球磁场像一片宽广的防风林带一样阻挡了太阳风，使它不能直接到达地面，但太阳风也引起磁暴和扰乱电离层，影响短波通信和人造卫星正常运行，影响地球的气候。

太阳与地球人类的关系这样密切，所以人们一直在设法了解它。航天时代开始以来，已发射了40多个探测器对太阳进行探测。1990年10月，美国用航天飞机又将西欧研制的"尤里西斯"号太阳探测器送进太空，它将于1992年飞抵木星，借助木星的巨大引力改变飞行方向，1994年飞过太阳南极，1995年飞过太阳北极。这是进入太阳两极上空的第一个航天器，也是有史以来人类对太阳两极区域的第一次探测。我们期望它能大大增进人类对太阳母亲的了解。

母亲总是把最宠爱的儿女带在身边。水星是最靠近太阳的一颗行星，它确实像宠儿一样偎依在太阳的身边接受更多的光和热，由于它离太阳太近，也给我们了解它造成了很大的困难，至今我们对水星了解得很少，连它的自转速度才刚刚弄清楚。

长期以来，人们一直认为水星的自转周期与它绕太阳公转的周期相同，就像月亮总以同一面向着地球一样，水星总是以同一面向着太阳，一面温度极高，一面温度极低。1962年，美国科学家用射

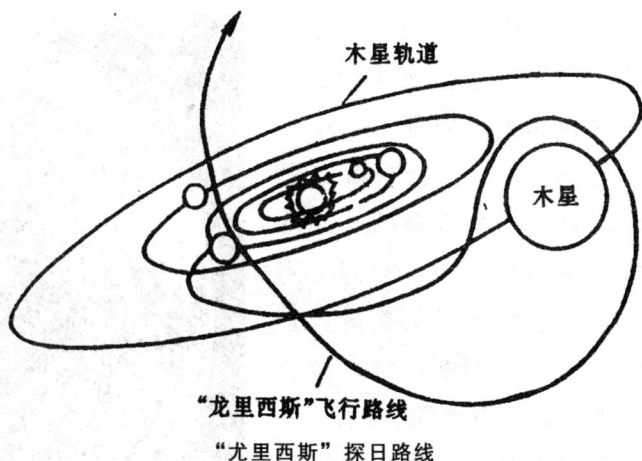

"尤里西斯"探日路线

电望远镜观测水星，发现它两面的温度相差不多，由此怀疑水星的自转和公转周期是不是真的相同。但马上有一批天文学家出来解释，说水星上有大气，由于大气的流动，把向日面的温度带给背日面，使两面温度相差不大。

其实，水星上根本没有大气，这种解释是站不住脚的。1965年，美国科学家终于用雷达测得水星的自转周期是 59 天，与 88 天的公转周期是 2：3 的关系。1973 年 11 月，美国发射"水手 10"号探测器，于 1974 年 3 月和 9 月、1975 年 3 月 3 次飞过水星，最近时只有 327 千米，拍摄了 5000 多张照片，进一步证实水星的自转周期为 59 天，3 天等于两年！

水星的平均直径为 4880 千米。它的体积和质量只有地球的 5.6％左右，只比冥王星稍大一些，是第二颗最小的大行星。水星到太阳的平均距离为 5790 万千米，只有地球到太阳距离的三分之一。由于它绕太阳运行的轨道是个椭圆，所以，离太阳最近时和离太阳最远时相差 2400 万千米。由于白天和黑夜时间很长，在离太阳最近时，由于白天长时间受烈日照射，赤道上温度最高可达 430℃。而长长的夜晚，温度可降到－200℃。

水星的成分和结构与地球非常相近，但没有融岩和板块漂移。水星上没有大气，没有水，是个干燥的世界，外表酷似月球，在古老的平原上布满着大大小小的环形山，它们是陨石撞成的。还有又深又长的裂缝，它们穿过平原、盆地，切断山脉，最长的达 200 千米，好几百米深。

由于水星自转缓慢，过去认为没有磁场，但"水手 10"号发现水星有类似地球的磁场。磁场强度虽然只有

水星地形

地球的 1％，但比火星和金星磁场强得多。这是水星的一个谜。

目前我们对水星的了解仍然不多，还有许多秘密等待我们去探测。

拜访"太白老人"

为了便于理解航天技术探测金星的作用意义，先得介绍一下金星及以往的探测情况。

金星是最靠近地球的行星，它是天上最亮的一颗星，我们几乎随时都可以看到它。早晨它叫"启明星"，白天它叫"太白星"，傍晚它叫"长庚星"。但是金星不像离得更远的火星和木星，可以用望远镜看到上面暗色条纹和大红斑，更不像月球，可以用肉眼看到它的山和"海"，金星总是亮晶晶的一片，既美丽，又神秘，所以西方以美与爱的女神"维纳斯"称呼它。

由于金星被浓密的大气包围着，人们看到的只是它的大气层。长久以来，对它的真实面目了解得很少，仅从它靠近地球，大小和质量与地球差不多这些情况，推测它是地球的"孪生姐妹"。但有许多迹象表明，这对"姐妹"差别很大。真实面目如何，仍然是个谜。因此，人们也一直想揭开金星的神秘面纱，认识它的真容。

20 世纪以来，科学家用光谱分析的方法了解到金星的大气成分主要是二氧化碳。在测量金星的自转速度时，结果奇怪得很，每一种方法，每一个人测得的数据都大不相同，甚至同一个人，用同一种方法测量，每一次的数据也大不相同。后来才知道，测量到的不是金星的自转，而是金星上层大气的运动。直到 60 年代初，才用雷

金星照片

达精确测定了金星的自转周期（即金星天）是 243 地球天，比绕太阳公转的周期（即金星年）还要长 9.3 地球天，也就是说，金星的一年，只有 0.925 个金星天。金星的自转方向与地球相反，太阳从西方升起，在东方落下。从地球上只能精确测量金星上层大气的温度，对金星表面的温度却很难测得准。只有航天时代开始以后，人类才具有了揭开金星面纱的可靠手段。

"为什么？"

可以让探测器飞近金星或到金星上去实地考察呀！

美国和苏联这两个航天大国对金星的探测，也有过一段激烈竞争的历史。美苏探测行星的目标首先都选择金星，这是因为它离地球最近，现有的火箭速度三四个月就可到达；向它发射探测器，只要携带体积很小、功率较低的无线电发射机就可向地球发回探测资料；还由于它离太阳近，探测器在航程中可以得到更多的太阳能，这在航天时代开始不久的 60 年代是最有利的条件。

　　金星和地球每隔 19 个月相会在太阳同侧的一条直线上，在这前后是向金星发射探测器的最佳时期。当时的最近发射机会是 1961 年的前两个月。美国于 1960 年 7 月开始研制探测金星的"水手"号飞船，但由于运载火箭的最上面的一级拖后腿，只好推到 1962 年七八月发射。但苏联却捷足先登，于 1961 年 1 月 24 日向金星发射了一个名叫"巨人"的探测器，但没有成功。接着于 2 月 12 日从"重型人造卫星 2"号上发射了"金星 1"号，距 10 万千米飞过金星。美国为了不延误下一次的发射机会，决定改用另一种推力较小但较

"水手 2"号探测器

可靠的火箭，探测器的重量也只得由原来的半吨多减小为203千克。当时美国还没有地面模拟设备，时间又不允许先进行试飞，工程师们就大胆估算，进行设计，共赶制了3个简陋的探测器。一个用于地面试验。1962年7月22日向金星发射其中一个，取名"水手1"号，但起飞不久就偏离了方向，不得不将它炸毁。34天后，苏联又发射了一个金星探测器，但是也失败了。美国接着于8月27日又发射了"水手2"号，侥幸地避开了制导系统上的一个错误，发射成功了。

"水手2"号在旅程中历尽艰险。首先，一台光学跟踪仪始终不能对准地球。接着，它发回的信号突然减弱到难以觉察的程度，而苏联又于9月1日和12日两次发射金星探测器，虽然都失败了，但仍使美国人十分紧张。不过，"水手2"号的信号后来又神秘地恢复了正常。但在飞行了2/3的路程后，两块太阳能电池板中的一块突然失效。在使人着急了一星期之后，它又莫明其妙地恢复了正常。但工作了一星期后又失效了。在与金星会合的前9天，蓄电池的温

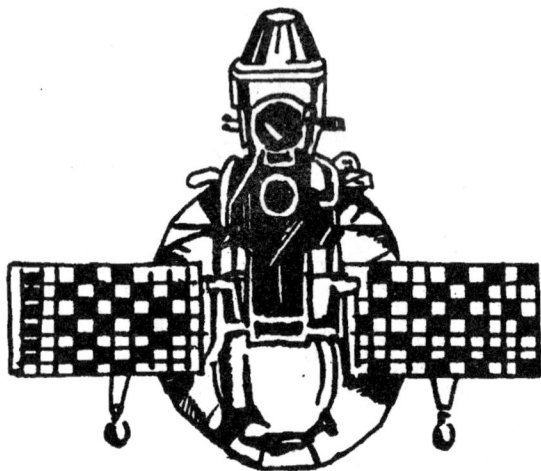

"金星4"号探测器

度不知什么原因上升到120°F，而且还在继续上升，如果发生爆炸，就将前功尽弃！在相距只有5天的航程时，因4条遥测通道失灵，无法知道探测器上气体和燃料的压力，以及定向天线的角度。这使地面控制人员的神经紧张到了极点。在飞近金星的最后24小时航程中，启动科学仪器瞄准金星的程序发生器两次突然失效。好在预定的飞行路线使"水手2"号始终处在地面大型跟踪天线的视野以内，可以从地面上向它发送无线电启动信号。这样，终于使"水手2"号成功地飞过金星，距离金星中心35832千米。这次飞行历时110天，航程2亿又8962千米。这就是金星探测处女航的故事。

到1984年为止，共向金星发射了20个探测器，其中美国5个，它们是"水手"2、5、10号，"先驱者—金星"1、2号；苏联15个，它们是"金星"4～16号，"金星—哈雷"1、2号。它们有的围绕金星飞行，用各种仪器探测了金星大气，或用雷达测绘了金星表面；有的向金星表面降落，探测深层大气和金星表面情况、拍摄表

"金星13"号着陆舱

面照片、分析金星表面岩石。这些探测大大丰富了人类的金星知识，初步弄清了金星大气和表面的物理状况。

金星大气和地球大气不同，二氧化碳占97％，只有不到2％的氮、少量的氧和水蒸气，还有氟化氢和硫化物。大气密度是地球大气的60倍。浓密的大气使金星表面的大气压力比地球大气压高90

金星着陆舱拍摄的金星照片

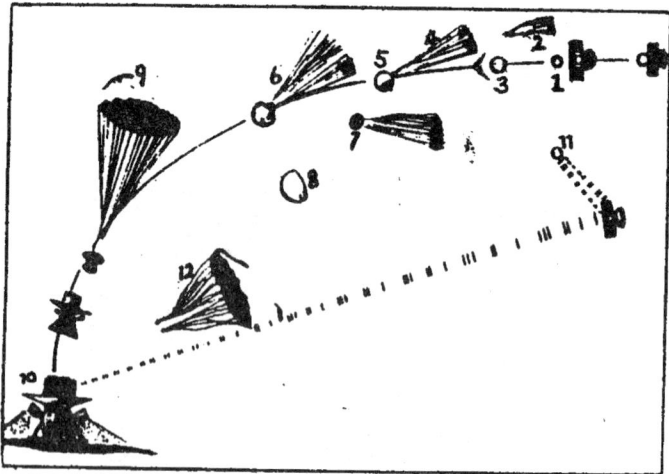

"金星13"号探测器降落着陆示意图

1. 着陆舱和轨道舱在飞临金星前两昼夜分离；2. 引导伞；3. 进入大气层并进行弹道式降落；4. 牵离伞；5. 抛掉顶盖，引导伞和牵离伞开始工作；6. 减速伞；7. 上防热外壳牵离；减速伞开始工作；8. 抛掉下防热外壳；9. 抛掉减速伞；10. 着陆；11. 地球。

倍。金星表面的温度也很高，高达摄氏 470℃，可以熔化铅和锌。

金星大气层分为低层、云层和高层。50 千米以下为低层，主要是二氧化碳，还有水蒸气、氟和腐蚀性极强的氢氟酸。50～70 千米为云层，主要是浮在大气中的硫酸珠，还有少量盐酸、氢氟酸和氟硫酸。它们形成云和雾霭。云层以上是高层，大气分子被太阳风、宇宙线、紫外线电离，形成电离层。

金星表面与地球相似，有蜿蜒的山脉，辽阔的高原台地，有火山喷发形成的环形山、盆地和熔岩流形成的平原，地面分布着玄武岩。

由于浓密的大气遮掩，从高空拍摄不到清晰的金星表面照片；又由于表面的高温、高压和恶劣的大气条件，探测器在金星表面只能工作 1～2 小时，难以获得大量全面的数据，特别是地形和地质构造方面的情况。为了弥补以往探测的不足，美国于 1989 年 5 月又发

"麦哲伦"号金星探测器飞抵金星

射了"麦哲伦"号探测器，用成像雷达对金星表面扫描，绘制金星的表面图，分析金星的地质构造，查证金星表面上是否有河床和海滩。

金星的表面温度比最靠近太阳的水星还高，这是由于二氧化碳大气层使金星的热量只进不出，即所谓的"温室效应"造成的。现在地球大气层中二氧化碳成分在增加，也面临着"温室效应"的威胁。金星也是由板块构成的，有断裂带，有火山活动。金星的侵蚀远比地球少，较多地保留了原有的状态。研究这些，对研究地球，甚至整个太阳系的演变都有重要意义。

对金星的探测和研究可以说还只是开始。许多金星之谜还未揭开。如金星上是否有过水，如果是这样，那么水又如何消失了？你愿意为解开"金星水"之谜做出自己的贡献吗？

揭开火星生命之谜

我们先来认识认识火星。

如果说金星是地球的"左邻"的话，那么，火星就是地球的"右舍"了。火星与地球的最近距离只有 4300 万千米。如果说金星与地球是孪生姐妹多少有些误会的话，那么，火星是地球的小兄弟则是相当真实的。火星也有被大气包围的固体表面和起伏的地形；火星的自转周期为 24 小时 37 分 22.6 秒钟，即它的一天几乎与地球一样长；它与地球差不多以同样的姿势绕太阳公转，有四季交替和变化的气候，只是公转周期较长，为 687 天，即它的一季和一年差不多比地球长一倍。但火星较小，它与地球相比，直径为 53％，体积为 15％，质量为 10.8％，重力为 38％。

我们再来看看关于"火星人"的种种传说。

我国古代称火星为荧惑，因为它是红色，荧荧像火；亮度常有变化，而且不断移动，有时从东向西，有时从西向东，情况复杂，令人迷惑，确实，关于火星，历史上有过许多猜测与真实事件掺杂在一起的故事。1937 年的一天，美国纽约哥伦比亚广播公司的新闻报道说，火星上的怪物已在美国登陆，对它们无法阻挡，它们到处喷射火焰，施放毒气，所过之处尸横遍野，瓦砾成堆……这是以新闻报道形式广播的广播剧，结果却弄假成真，使百万美国人处于惊

火星照片

惶恐惧之中，还有许多人在混乱中丧生。这场悲剧说明，人们对火星人信以为真。这个广播剧是根据 1897 年威尔士写的科幻小说《宇宙战争》改编的。书中把"火星人"描写成章鱼一样的怪物，它极端聪明，但非常残忍，入侵地球时用各种新式武器到处烧杀，引起一场星际大战。

产生这样的科幻小说不是偶然的，因为在 19 世纪有过"火星人"的许多报道。如在 1877 年，意大利天文学家斯基帕雷利发现火星上有许多像河渠一样的黑色线条。他的发现在译成英文时把"河渠"译成了"运河"。既然有火星运河，当然有火星人。斯基帕雷利的发现引起天文学家的极大兴趣，许多人都把望远镜对着了火星，不少人声称观察到了运河，其中美国人洛威尔变卖家产，建立私人天文台，观测火星十几年，根据拍摄到的几千张照片，绘制了火星运河图。"火星运河"又与早先发现的火星两极白色极冠夏季缩小，冬季扩大，以及一些地区的颜色变化联系起来，认为极冠夏季缩小是因为冰雪消融，运河是火星人引两极冰水灌溉农田的水渠，一些地区颜色的变化就是植物的春夏翠绿，秋冬枯黄造成的。加之在1877年，美国人霍尔发现火星有两颗小卫星，它们离火星很近，很像是"火星人"发射的人造卫星。这样，当时认为火星上有高级文明似乎是无疑的了。于是以火星人为题材的科幻小说纷纷问世。

后来经过光学仪器和雷达的反复探测，判定火星上并没有运河，两颗小卫星也是天然卫星。火星的大气非常稀薄，只有地球大气密度的1％，而且主要成分是二氧化碳，几乎没有氧；火星上温度很低，昼夜温差达100多度，地表都是冰冻的，没有水；火星磁场非常弱，不能阻隔太阳风、宇宙线和紫外线等对它的直接照射。在这样的环境中，老鼠、乌龟、青蛙、蜘蛛和甲虫分别只能活几秒钟、6小时、25小时和几个星期；也不会有植物生长，自然不会有"火星人"存在了。

但火星上毕竟不像月球上那样毫无生气，也不像金星环境那样恶劣，是否有较低级的生命形式在发展?！有人将某些苔藓和微生物在火星的模拟环境中做实验，它们竟能生活和成长。所以直到20世纪40年代，苏联学者季霍夫仍然认为火星上一些地区的颜色变化是植物枯荣造成的。还有人认为，火星上有动物哩！实际情况如何，只有靠航天技术来彻底解决。

从1960年10月到1964年11月，苏联向火星发射了6个探测器，均遭失败。美国在1964年11月也有两次发射，一次成功，"水手4"号探测器测量了火星大气，拍了22张照片。从1969年2月到1975年9月，美国和苏联对火星进行了第二轮探测。苏联发射了6个探测器，多数成效不大；美国也发射了6个探测器，除一次失败外，其他都获得成功。其中"水手9"号在火星轨道上工作近一年，发回7000多幅照片和大量数据。尤其是两艘"海盗"号探测器，分别在轨道上工作4年和2年多，它们施放的着陆器，分别在火星上工作了3年半和6年多。除拍照和测量外，主要是作生命考

"海盗"号在火星着陆

察工作。这些工作，包括对火星土壤进行化学分析，看看是不是存在有机物；进行光合成试验，看看是不是有进行光合作用的生物；进行代谢机能试验，检验是不是有进行新陈代谢的细胞存在；进行气体交换试验，检查是不是有进行呼吸活动的微生物。开始时似乎显示有某种生命存在的希望，但最后没有发现任何生命的痕迹。

1988年7月，苏联进行第三轮火星探测，向火星的卫星火卫一发射2个探测器，可惜在接近火星时失去了联系。

到目前为止，航天器对火星的探测已初步揭开了火星的秘密，进一步证实火星上没有高级生命和运河；但有干涸的河床，有的宽达60千米，最长1500千米，它不是熔岩流造成的，而是黏性更小的液体（如水）造成的；火星上有巨大的峡谷和较新的火山口；时常出现尘埃风暴，滚滚尘暴有时会席卷整个火星，时间长达几个月，这就是某些地区颜色变化的原因；火星外围还产生天然激光；火星大气的成分二氧化碳为95%，氮为3%，氩为1%～2%，氧为

0.1%，还有少量一氧化碳和水蒸气。

当然，还有许多问题需要进一步探测。如使火星表面形成河床的滔滔大水哪里去了？在两极和永冻层下是不是像科学家推测的那样，存在着大量的水？火星上存在着生命形成的条件（如大气中发现氮；温度比过去推测的高，白天可能有液态水，而"水就是生命"；早期大气密度比现在大 10～20 倍；大量氧化物的存在说明火星上曾经有惊人的氧化能力等等），是不是过去有过生命或现在有较低级的生命形式存在?!

从以上情况看，火星的温度、大气等环境条件，比较起来是最适合人类生活的第二个天体（如月球没有大气，金星的温度、气压太高）。火星对人类有着重要的意义，人们正在酝酿新一轮的探测活动。如有21个国家参加的苏联"火星—94"计划，打算发射 2 个探测器绕火星飞行，并将 2 个科学站放到火星表面上去，同时放出气球，夜晚温度降低时气体收缩，气球落向火星表面。白天气温升高，空气膨胀，气球升起，随风飘动，移向另外的地方。如此重复，可为载人火星飞行选择最佳的着陆地点。美国计划在20世纪90年代末发射探测器对火星作广泛调查，并取回岩石

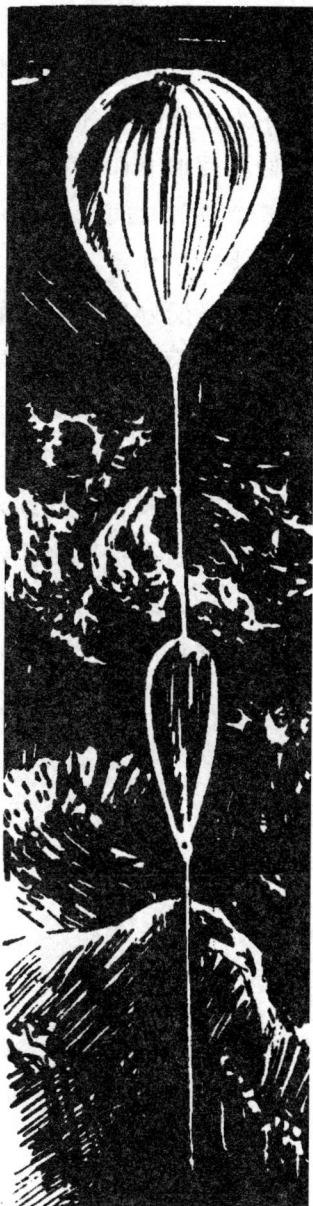

双气球悬吊式火星探测器

和土壤样品。美国总统布什提出，要在"阿波罗"登月50周年（2019年）以前，进行载人火星飞行。载人火星飞行是要返回的，由于火星每隔2年2个月才与地球靠近1次，只有这时才能返回，来回飞行加上在火星上工作和等待的时间，一次载人火星飞行需要2年8个月的时间，这是一件很不容易的事。目前，人类都在为载人火星飞行作准备。如研究如何防治航天员的内外科疾病，美国设想把火星飞船分成相互旋转的两部分，以造成人造重力，避免航天员产生失重病症；研究飞船飞行和飞船上的各种技术；研究在火星上的各种探测和科学研究技术；研究如何解决几名航天员二三年的食物等等。载人火星飞行也是花费很大的事业，一个国家国力有限，可能由几国联合进行载人飞行。

人类的火星探测一定会取得更大的成就，不仅生命之谜会彻底揭开，而且或许会像预计的那样，到2035年在火星上会出现供人类永久性居住的基地。

"小太阳系"探奇

为了说明为什么要探测木星，我们先来看看木星的一些基本情况和它在太阳系中的地位。

木星是一个美丽而神秘的行星。它的一年相当地球的 11.86 年，而它的一天却只相当地球的 0.41 天，也就是说它的自转速度特别快。木星表面是液态氢，深 24000 千米，没有地球这样的固体表面。液态氢之上是厚达上千千米的大气层，主要成分是氢、氦、氨、甲烷和水蒸气等。从望远镜中看到的木星，是它的斑斓云层。这些云层明暗相间，形成彩色云带，有金红色的，有暗红色的，还有浅绿色的，颜色非常鲜艳，像是一个做功精巧的彩绘大皮球。在它的赤道南侧，有一块蛋形大红斑，宽 1 万多千米，长 2 万千米，300 多年前就引起了人们的兴趣。

从靠近太阳算起，木星是太阳系第 5 颗行星，正好处在九大行星的中间位置，在它的内外两侧都各有 4 颗行星。

木星是九大行星中最大的一颗行星，其他八大行星的质量加在一起还不到木星质量的一半。它的质量是地球的 300 多倍，体积是地球的 1300 多倍。巨大的质量形成强大的木星引力场，物体要从木星表面逃脱，必须达到每秒钟 60 千米的高速度，这比地球上高 5 倍多。所以像氢、氦这样最轻的气体分子，也逃不脱木星的引力。在

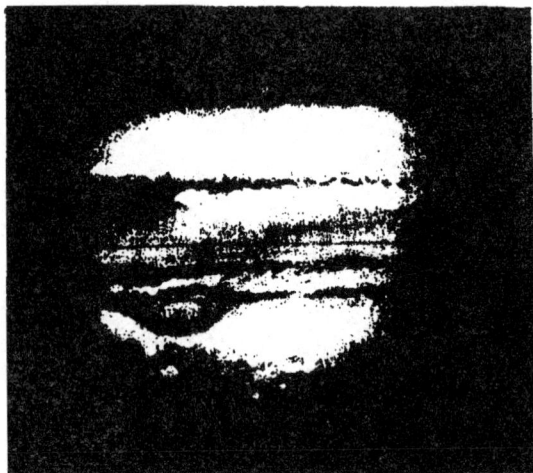

木星照片

木星的上空，至今还有大量的太阳系形成初期的原始气体。

木星有 4 颗大卫星，其中木卫三是太阳系中最大的卫星，它的体积比月球大得多，甚至比行星冥王星和水星还大。其余的木卫一、木卫二、木卫四也在太阳系前七大卫星之列（其余 3 颗是土卫六、月球和海卫一）。这 4 颗大卫星是 17 世纪伽利略发现的，所以又叫"伽利略卫星"，它们都有固体表面，可以成为宇宙航行的中继站。四大卫星与太阳系的行星一样，距离越远，密度越小。除四大卫星以外，还有 13 颗较小的卫星。木星与它的 17 颗卫星，自成体系，好像一个"小太阳系"。

木星与其他行星不同，它放出的热量是它从太阳吸收的热量的 2 倍。这就是说，木星与太阳一样，自身也放出热量。科学家推测，木星中心是一个固体核，可能保留着木星形成时期的原始热，温度高达几万度。核外是厚厚的液氢。液氢对流，将内核的部分热量传导出来。再外面是稠密的大气层，主要成分是氢和氦，还有氨和甲烷。氨和甲烷的比例与太阳大气相似。木星也与太阳一样，有丰富的氢元素。由于木星的成分和结构与太阳有很多相似的地方，所以科学家认为，木星的早期演化和太阳系的起源十分相似。因此，研究木星是了解太阳系的初始状态的最好对象。但是，由于木星与地球相距最近时也有 6 亿多千米，所以通过地面上的观测是无法查明这些问题的，只有发射航天器就近探测或者深入其境实地探测。

现在我们可以做这样的归纳：探测木星，不仅是为了了解木星本身，而且可以通过木星探测，了解太阳系的形成和发展，其中包括对地球早期状况的了解。

你也许在想，何必舍近求远到木星上去研究地球早期的状况?! 况且地球也是太阳系的一部分，研究地球也可以了解太阳系的形成和发展呀！

由于大气和人类活动等因素对地球的侵害，地球早已是面目全非了。因此，对地球早期的发展史、太阳系的发展史、宇宙的发展史来说，已不能在地球上找到全部证据了。那么，是不是可以在地球附近的月球、金星、火星上找到证据呢？在这些星球上保留着一些原始状态，但也不能完全解决问题，因为这些天体的质量较小，较轻的元素容易逃出它们的引力场，现在的元素成分也早已不是原来的样子了。当然，要弄清太阳系的初始状态，最好的办法是发射探测器到太阳上去。但是太阳大气温度高达几千度，表面温度更高，目前的技术水平还办不到。因此，科学家特别重视木星探测，把探测木星作为研究太阳系起源和演化

"先驱者"号探测器

"旅行者"号探测器

的一个窗口。

航天时代开始以来，已有 4 个探测器对木星进行了探测。1972 年 3 月 2 日和 1973 年 4 月 6 日，美国先后发射了"先驱者 10"号和"先驱者 11"号探测器。它们分别于 1973 年 12 月 3 日和 1974 年 12 月 5 日从木星右侧和左侧飞过，距木星 13 万千米和 402 万千米对木星进行了探测，这是有史以来的第一次。1977 年 8 月 20 日和 9 月 5 日，美国又先后发射了"旅行者 1"号和"旅行者 2"号探测器，分别于 1979 年 3 月 5 日和 7 月 9 日飞过木星，距木星 27.5 万千米和 72 万千米，对木星和木星的卫星进行了探测。

这些探测揭开了木星的许多秘密，大大丰富了人类的木星知识。如证实木星也有环，解决了对木星是否有环的争论；查明蛋形大红斑是一团急剧上升的强大的漩涡气流；在木星背向太阳的一面发现有高达 3 万千米的极光，五彩缤纷，极为壮观；木星有强大的磁场，磁场区域很大，磁尾延伸 7 亿千米以上，到达土星轨道以外；在木星的卫星上发现活火山，如木卫一上有 6 座火山同时爆发；木卫一

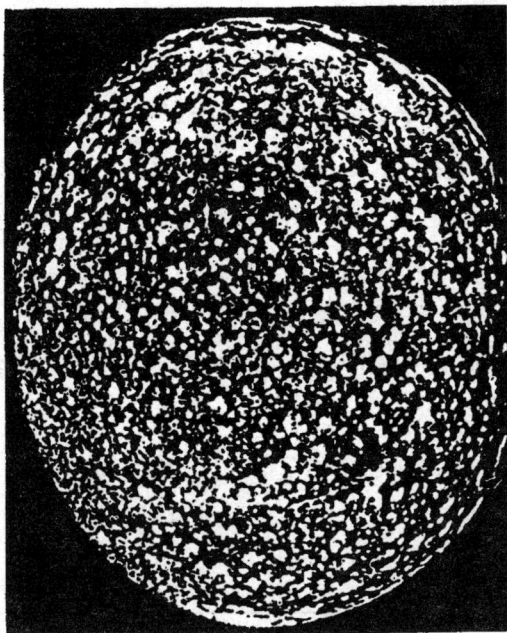

坑穴密布的木卫四

有稀薄的大气,厚达 110 千米;本卫二、三、四由冰层包裹着,非常光亮,但有槽沟和盆地,颜色褐、黄、灰白各不相同;新发现 4 颗小卫星,使木星的卫星增至 17 颗。

但是,由于这些探测器都是来去匆匆,来不及对木星作全面的探测,而且距离较远。在木星的下层大气中和木星上,至今还有许多奇特的现象没有得到合理的解释。如木星的热源问题等。木星也存在生命之谜,因为木星上有形成生命需要的甲烷、氨和简单的碳水化合物;有孕育生命需要的水;木星的液体表面温度虽然很低,但往里逐渐升高,在内层是会有满足生物生存的温度条件的。还有,在它的 4 个大卫星的冰层下面,可能有水存在,那里是不是有低级生命在发展?!

1989 年 10 月 18 日,美国发射了"伽利略"号木星探测器,它由轨道器和着陆器两部分组成。在 6 年的飞行过程中，将对金星、月球和一些小行星进行探测，并两次借助地球的引力，一次借助金星的引力加速。在到达木星前的 5 个月，着陆器与轨道器分离，轨道器将于 1995 年 12 月 7 日开始绕木星飞行，进行为时 2 年的考察，共绕木星飞行 11 圈，11 次飞过四大卫星。它巧妙地借用这些卫星的引力，从一颗跳飞到另一颗，尽可能地接近它们。着陆器则向木星表面降落。由于木星深层大气的压力高达 15～20 个大气压，预计只能工作 1 小时就会被压碎。但它对木星大气的直接探测数据更加宝贵。

"伽利略"号的主要任务有三项：一是探测木星大气的化学成分和物理特性；二是探测木星的主要卫星的化学成分和物理特性；三是探测木星磁层的结构和物理特性。

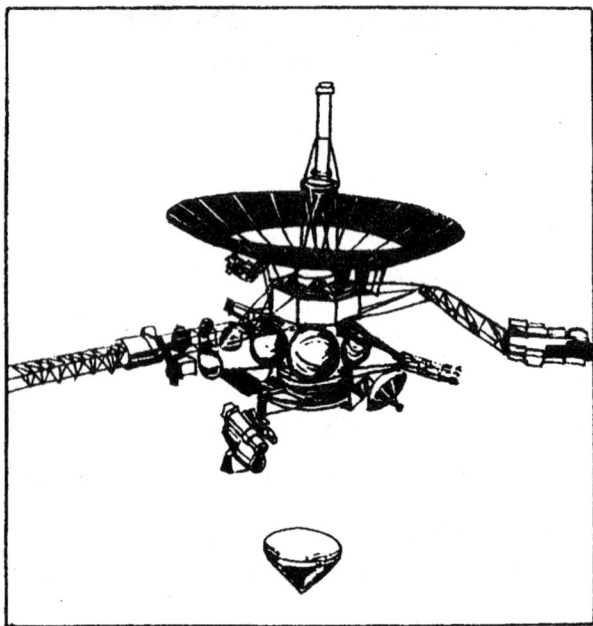

"伽利略"号探测器

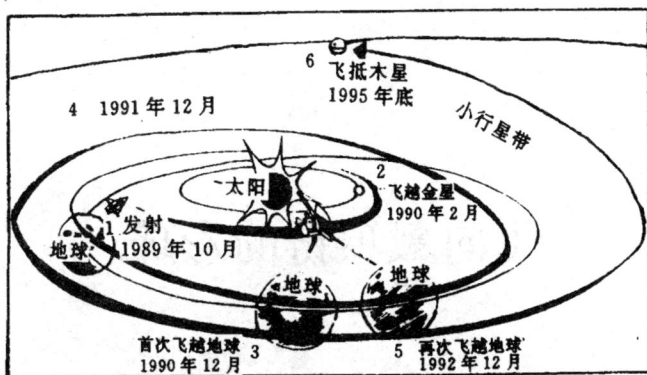

6 飞抵木星
1995 年底

4 1991 年 12 月

小行星带

太阳

2 飞越金星
1990 年 2 月

1 发射
地球 1989 年 10 月

地球

地球

首次飞越地球 3
1990 年 12 月

5 再次飞越地球
1992 年 12 月

"伽利略"号探测器飞行示意图

我们相信，如果这次木星探测取得成功，不仅对研究木星、太阳系乃至宇宙的起源和演变产生巨大的影响，而且为开发利用木星上丰富的氢能源和在 4 个大卫星上建立星际航行基地提供研究的可能性。

飞向戴项链的彩球

　　为了说明航天技术对探测土星的重要意义，我们先来说一个跨世纪的故事。远在400多年前的1610年，伟大科学家伽利略用望远镜观察土星时，发现土星的两侧有附属物，像人头两侧长着耳朵一

在土星卫星上看土星

样，因此，他认为土星是由中间一个大天体和两边各一个小天体组成的。1659年荷兰物理学家和天文学家惠更斯对土星的"耳朵"作了精细的观察，发现两只"耳朵"并不长在土星上，即并不与土星相连，而是高悬于土星之上，而且也不是两个小天体，而是环绕土星的一个扁平的固体物质盘，后来称为光环或环。以后，科学家们又发现土星光环由西向东旋转，光环直径达27万千米，厚度只有10千米左右。1675年，意大利天文学家卡西尼发现土星光环的平面中间有一条缝隙，这条缝隙把光环分成内外两个环。为了纪念卡西尼的发现，人们就把这条缝隙叫做"卡西尼"缝。缝外叫A环，缝内叫B环。过了175年，即1850年，又在B环以内发现一条很薄的C环。6年之后，英国物理学家麦克斯韦从理论上论证，光环不是扁平的物质盘，而是由无数小卫星组成的。1895年，美国天文学家基勒通过观测，阐明麦克斯韦的论证，土星光环确实是由一群分离的质点形成的。关于土星光环的故事，到此并未结束。1969年又在C环以内发现了D环，它最靠近土星，已到土星大气层以内，故很难被发现。不久，又在A环以外发现了E环。1972年，通过雷达测量，发现土星环的质点，是直径4～30厘米的冰块。

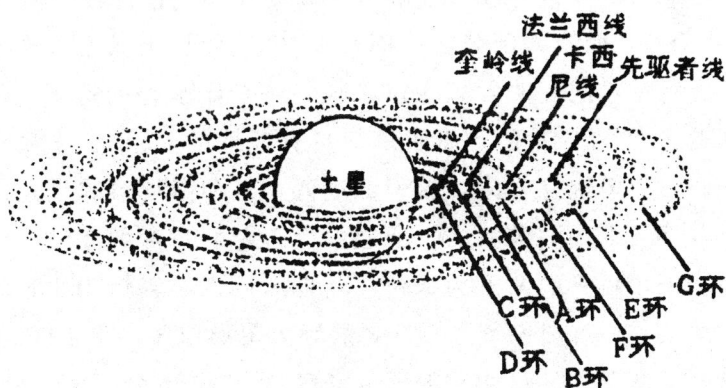

土星环的分层结构

到此，有关土星环的故事已延续了 360 多年。但是，由于土星太遥远，对土星光环仍然了解不多。要弄清土星环的秘密，只能靠航天器的就近探测。1973 年 4 月 5 日，美国发射"先驱者 11 号"探测器，在探测了木星以后，于 1979 年八九月飞过土星，对土星进行探测。它两次穿过土星光环，拍摄了土星光环照片，发现土星光环不是 5 圈，而是 7 圈，在 A 环和 E 环之间还有 F 环；在 E 环以外还有非常稀薄的 G 环。1980 年 11 月，另一个探测器"旅行者 1"号在探测木星后，也飞过土星，对土星进行了探测，发现成千上万条光环形成一组组环形彩带，像一张巨大的彩色密纹唱片。而有的并不对称，像锯齿一样。最为奇怪的是，有两条狭窄的光环像发辫一样拧在一起。1981 年 8 月，探测过木星的"旅行者 2"号也飞过土星，对土星进行探测时，又对光环进行了仔细地观察，发现了土星更多的秘密。

通过这些探测，弄清了土星光环是由直径几厘米到 9 米左右的、形状各不相同的冰块或冰和其他混合物组成的，由于密度不同的原因，在太阳光照耀下呈现出各种不同颜色，形成绚丽多彩的光环。土星光环，就像是套在美丽女郎脖子上的闪亮项圈。

土星确实像一位身披彩带旋转起舞的女郎。它自转一周只要 10 小时 14 分钟，而绕太阳公转一圈却要 29.5 年！土星是仅次于木星的第二大行星，但它非常轻盈，是唯一一个比水轻的行星，虽然它的体积是地球的 745 倍，而质量却只有地球的 95 倍。土星外层是氢、氦和氨、甲烷等气体，由于温度低，氨和甲烷被冻结成微小颗粒，形成环绕土星的带状云，云层中呈现色彩斑斓的花纹。土星的形状像桔子，扁平的两极为绿色，其他区域以金黄色为主，其次是桔黄和淡黄，还有白色斑点。有名的巨大蛋形白斑，是 1933 年 8 月英国喜剧演员 W.T. 海用小望远镜发现的。"旅行者"还发现灰暗的蛋形斑和大红斑，还有晕圈、丝条和漩涡状的彩云随风飘移。你们

土卫六

看，这是一个多么美丽的彩球啊！

土星的美妙景象还不止此。3个探测器新发现土星的 13 个卫星，使土星的卫星增加到 23 个，假如你站在土星上，可以看到有 23 个月亮在天上穿梭。它们有的在同一条轨道上你追我赶地赛跑；有的还与几颗伴星一起运行；最有趣的是，土卫八一半黑如墨，一半白如雪，土卫九朝后转动；有的卫星上还有火山爆发。这些卫星有的顺行，有的逆行，穿行在五彩光环之间，而光环有的自西向东转，有的自东向西转，有的转得快，有的转得慢。再加上土星上空那长达 6 万多千米的巨型雷暴闪电，构成一幅令人眼花缭乱而壮观诱人的景象。与这种景象相比，任何舞厅都会是逊色的。

然而，最迷人的还是那神秘的土卫六。土卫六是惠更斯在 1655 年发现的。经过"旅行者"的探测证实，土卫六上有浓密的大气，98％是氮，还有 1％的甲烷和少量的乙烷、乙烯、乙炔和氢。乙烷、乙烯、乙炔在太阳紫外线的照射下分解，形成美丽的桔红颜色，远远看去，土卫六像个熟透了的桔子。由于土卫六表面上的温度极低，氮气凝结成液体。如果你能到土卫六上漫步，你会发现那里有许多美丽迷人的液氮湖，景色令人神往。当然，最使你挂心的恐怕还是土卫六上的生命问题。土卫六的直径达 4828 千米，仅次于木卫三，是太阳系的第二大卫星，与行星水星差不多大小。其他几个大卫星是月球、木卫一、木卫二、木卫四和海卫一。但是，月球没有大气，木星的四颗大

"卡西尼"号土星探测器探测土星

卫星只有稀薄的大气，生命很难形成和生存。海卫一距离太阳太远，温度太低，甲烷也冻结成固体，更不可能形成生命。所以科学家寄希望于土卫六。"旅行者"的探测，确实给我们带来了振奋人心的消息。那就是红外探测仪在土卫六大气层的顶端发现了一种叫做氢氰酸的有机分子，这是一种可以孕育生命的有机分子！我们是不是可以这样设想：尽管由于土卫六表面温度低达 -200℃，不可能形成具有生命活力的物质，但是否有类似原始地球在生命起源以前所发生的有机分子组合成蛋白质的那些过程？！

为了探测土卫六的生命之谜，法国巴黎天文台的丹尼尔·戈捷博士和德国马克斯·普朗克天文研究所的温·伊普博士建议由欧洲航天局和美国航天局联合对土卫六进行一次探测。经过 6 年研究，欧洲航天局宣布，将于 1996 年由美国发射一个命名为"卡西尼"号的土星探测器，2002 年 10 月将进入绕土星飞行的轨道，开始 4 年的

土星探测，特别是向土卫六施放一个由欧洲航天局制造的"惠更斯"号着陆器。它打开降落伞，在土卫六大气中飘落，对大气的化学成分进行分析，降落到表面后，对土卫六表面样品进行分析。

你大概也期望"卡西尼－惠更斯"揭开土卫六的生命之谜吧！

探寻天王星和海王星的秘密

　　天王星、海王星是彗星的故乡。"旅行者2"号探测器的探测查明，天王星和海王星是慧星构成的。科学家认为，彗星原来在土星和冥王星之间绕太阳运行，轨道与其他行星的差不多，后来由于某种原因，一些彗星的轨道变得非常扁长，多数时间远离太阳。而留下的几百万个彗星集结成两团，形成现在的天王星和海王星。所以在天王星大气中发现有彗星大气的成分。目前虽然只有"旅行者2"号探测器对天王星和海王星进行过一次探测，但它的探测资料，比它们发现以来的一二百年积累的知识还要多。

　　天王星的发现过程是非常有趣的。有个侨居英国的德国人，叫赫歇尔，在英国皇宫里吹奏双簧管。这位乐师酷爱天文，开始利用业余时间进行天文观测，后来把主要精力和财产都投入了天文研究，并亲手制做了许多望远镜。1781年3月13日，他偶然发现一颗新星，它不像恒星那样发光，而且与其他恒星的相对位置有变化，可能是颗行星，但他没有把握，宣布时说是一颗彗星。他的发现引起了天文学家的重视，纷纷进行观测，最后确定是颗新行星，命名为天王星。

　　天王星是一颗躺倒的行星，它的自转轴几乎与它绕太阳公转的轨道平面平行，每24小时自转一周，而绕太阳转一周需要84年。

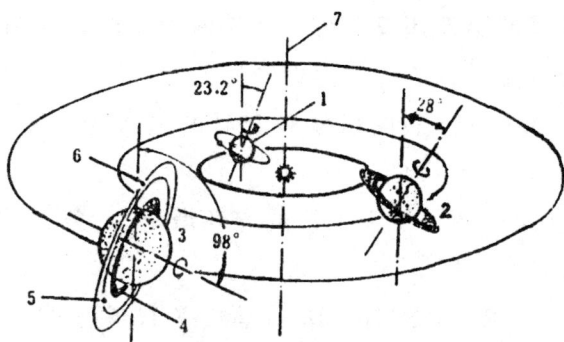

天王星轨道示意图

200 多年的观测，发现它有两点最使人迷惑不解。一是比重小，它的体积是地球的 64 倍，而质量却只有地球的 14.6 倍；二是它似乎没有磁场，这是不可想象的。

1986 年 1 月 24 日，"旅行者 2"号距离天王星中心 107020 千米飞过天王星，对天王星和它的卫星就近进行了探测。这时"旅行者 2"号距地球 30 亿千米，它发回的无线电信号，要经过两小时 45 分钟才能到达地球。这次破天荒的探测，取得了丰硕的成果。

首先是查明了两个谜点。原来天王星表面是深达 8000 千米的水，只有地球大小的熔化岩心，所以比重较小；天王星也有磁场，只是比较弱，而且在天王星表面，磁场强度各不相同，磁极方向与天王星两极方向成 60°角（地球磁极大致在地球的两极），严重偏斜扭曲。此外还有许多重大发现。如整个天王星是个大"温池"，但你千万别以为可以去洗澡，因为它的海水温度高达几千摄氏度。"那不沸腾汽化了?!"

不用担心，由于天王星的大气层厚达几千千米，大气压力比地球上大许多许多倍，所以海水并不沸腾和汽化。

"那不压凝固了?!"

恰恰又是几千度的高温，使巨大压力下的海水不至于凝固。

还发现那里的温度违反常理。在探测的当时，太阳正照射天王星的南极，温度是 1800℃，而当时背阳的北极却有 2400℃。

天王星大气中有猛烈的风暴和奇异的电辉光。大气中有云层，云层向外喷射有毒的气流。

新发现 11 条光环，使天王星的光环增至 20 条。光环暗黑，套有红蓝两种颜色。

新发现 10 颗卫星，这样，天王星共有 15 颗卫星。这些卫星不仅自转方向各不相同，而且不是标准的圆球星体，地形非常复杂，尤其是天卫五，几乎集中了太阳系中所有怪异的地形。有比珠穆朗玛峰高 3 倍的山峰，有深 16000 米的峡谷，还有又长又深的裂缝、横亘的大山梁、令人生畏的悬崖、错落分布的环形山和流淌着的冰川。科学家对这种千奇百怪的地貌啧啧称奇之后，又陷入沉思：那是如何形成的呢?!

天王星发现后，科学家发现它的实际位置与根据牛顿万有引力定律计算出来的位置总是不相符。有人怀疑牛顿万有引力定律已不适用于这么遥远的距离，但另一些人认为，可能在天王星之外还有一颗行星，是它的引力使天王星的轨道发生异常。于是，许多天文学家计算这颗未知行星应该在什么位置上。1845 年，英国人 J.C. 亚当斯算出了它的轨道和质量，但是没有引起天文界的重视。法国青年天文学家勒威耶花了一年多的时间，也在 1845 年夏天计算了这颗未知行星的轨道和位置，6 月 1 日和 8 月 31 日两次写出报告，于 9 月 18 日将报告寄给柏林天文台的伽勒。伽勒立即组织观测，结果在计算位置差不到一度的地方找到了这颗行星，这就是现在的海王星。

经 150 多年的探测，了解到海王星 22 小时自转一圈，绕太阳公转一圈需要 164.8 年。它的体积是地球的 64 倍，质量是地球的 17.2 倍。有大气和两颗卫星。但由于海王星距太阳 45 亿千米，人们对它的了解很少，时至 1968 年，还在争论它是否有光环。航天时代开始后，人们希望航天器的就近探测能更多的揭开它的秘密。

1989 年 6 月，已在茫茫太空飞行了 72 亿千米的"旅行者 2"号，调整方向，飞向海王星。8 月 25 日，以每小时 42000 多千米的速度抵达距海王星 4827 千米的最近点。

为了让更多的人领略"旅行者 2"号飞过海王星的壮举，目睹海王星的神秘世界，美国宇航局决定向美国公众转播实况。由于距离遥远，"旅行者 2"号发回的电波信号，经过 4 小时零 6 分钟到达地球后已非常微弱，只得

"旅行者 2"号探测海王星

将分布在四大洲的 38 座巨型天线连成一个超级天线阵来捕捉信号，然后经计算机处理，转换成图像显示在荧光屏上。

由于人们对"旅行者 2"号的海王星探测盼望已久，加之"旅行者 2"号飞过海王星最近点时，正是美国晚上 9 点的黄金时间，所以共有 270 万人观看了 7 小时的实况转播，7 个国家的 130 名科学家也赶往美国观看这一盛况。

"旅行者 2"号没有辜负人们的厚望，通过它发回的 6000 多张照片，弄清了海王星的许多问题。

新发现海王星的 6 颗卫星，使它的卫星增加到 8 颗；海王星有 5 条光环，两明三暗，是由卫星碎片构成的；大气中有面积达地球那

"旅行者 2" 号拍摄的海王星照片

么大的气漩，形成大黑斑，气漩后面是时速为 640 千米的风暴，还有像地球城市上空一样的烟雾，那是太阳光汽化甲烷形成的；海王星的磁极与海王星两极方向成 50° 角，磁场被辐射带包围着，有像地球极光一样的光辉。

"旅行者 2" 号对海卫一的探测成果，使科学家们对海卫一的兴趣，比对海王星本身的兴趣更大。海卫一是太阳系中逆行星自转方向运行的一颗大卫星，可能原来是一颗彗星，与海王星一颗卫星相撞后进入绕海王星运行的轨道；海卫一有稀薄的大气，是太阳系中最冷的天体，表面温度为 −240℃；有还在活动的冰火山，喷出的氮冰微粒高达 32 千米，这是内部液氮压力升高引起的；表面上到处有断层、山脊、低悬崖和各种冰结构，这可能是地震形成的；表面还可能有液氮海洋和冰湖。

当然，海王星和它的卫星还有许多秘密等待着人们去继续揭示。

冥王星考古

冥王星是太阳的一颗矮行星。

冥王星的发现就很不平常，还给人们留下一条长长的尾巴。

"怎么个不平常?留下什么尾巴？！"

这得从天王星说起。天王星发现后，人们发现它的运行轨道偏斜，这就是说，在它外面还有一个大行星在拉扯它。后来果然发现了海王星。但是，海王星的引力不可能使天王星的运行轨道发生那么大的偏斜，况且海王星本身的运行轨道也不正常呢。是不是在海王星外边像"藏猫猫"一样还有一个大行星呢？经过几十年的寻找，1930年2月18日，终于又找到了一颗大行星（2006年，冥王星被重新分类到矮行星队伍中），它就是现在的冥王星。但是，对冥王星是不是原来要找的那颗未知的行星，还有许多争论。因为冥王星的运行轨道也有偏斜，而且质量太小，不可能对天王星和海王星的运行轨道产生那样大的干扰。有些人认为，在冥王星之外，还有一颗行星——太阳系的第10颗行星。虽然也有人算出了这颗未知行星的位置和轨道，但至今没有发现任何踪迹。这就是留给我们的那条长长的"尾巴"。

冥王星发现已经80多年了，但人们对它的了解还非常肤浅。它

太阳及九大行星示意图

的亮度比原来估计的暗得多，以至看不清它的圆面边界，不能准确地测定它的体积。它的直径大约 2700 千米，质量是地球的四百分之一，不仅比水星小，而且只是月球的 1/7。它的运行轨道与众不同，既扁又斜，离太阳最远时达 72 亿千米，最近时只有 43 亿千米。由于偏斜，它像一个顽皮的孩子，有时在太阳系八大行星的运行平面之上，有时又跑到下面去了；多数时间在海王星以外，有时又钻到海王星轨道以内来了。它懒洋洋地侧向自转，自转一周需要 153 小时，比兄弟行星慢得多。它绕太阳公转一圈需要 248 年，自发现至今还没有走完 1/4 圈哩！

已知冥王星有一颗卫星，它绕冥王星公转一圈的时间与冥王星自转一圈的时间正好相等，是一颗天然的同步卫星，这在太阳系中也是独一无二的。

对冥王星的外貌和构造，目前我们仍然不十分了解。对冥王星

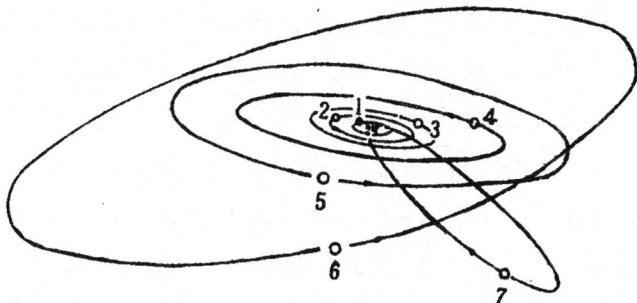

冥王星的轨道

1. 地球　2. 木星　3. 土星　4. 天王星　5. 海王星　6. 冥王星　7. 哈雷彗星

的身世来历，更是众说纷纭，有着各种各样的有趣的假说。

有说它原来是海王星的一颗卫星。

1936 年，有个叫里特顿的人提出，冥王星原来是海王星的一颗卫星，与海卫一靠近，相互的引力作用使海卫一变成绕海王星逆转的卫星，而它则被加速，逃脱海王星的引力而成为一颗行星。直到 80 年代，美国海军天文台的范弗兰德和哈林顿通过计算模拟，还认为冥王星原来是海王星的卫星，后来一个大天体经过那里时把它弹出了海王星轨道而成为一颗行星。

有的认为冥王星太小，只不过是一颗小行星。我国天文学家戴文赛则认为，冥王星是由海王星轨道内一种叫做"大星子"的天体形成的。一个大星子与一个较大的星子相撞，使轨道变扁变斜；接着又被另一个星子撞倒，使它侧向自转；被碰碎的物质集聚起来成为它的卫星，可能不止一个。

有人说它是一颗大行星的碎片。

这就是苏联科学家科瓦尔和先卡维奇非常新奇的假说。这个新奇的假说听起来像童话故事一样有趣。约在 7500 万年以前，在现在木星和火星之间的小行星带区域中，有一颗叫做"法艾东"的行星，类似地球，是地球年龄的 1.5 倍，上面有高级智慧生物，他们的文明发展程度比现在的地球人高得多，早已掌握了热核能。由于一次威力无比巨大的核爆炸，使"法艾东"受到剧烈震动，结果被裂成许多小碎块，形成了现在的小行星带。其中特大的一块，由于爆炸的冲力，使它的公转速度大大增加，而疾速冲出原来的公转轨道，当冲到土星旁边时，将土星的一颗卫星碰得粉碎，形成现在的土星环，接着又把土卫九碰得朝后转动。然后继续前进，又与天王星擦碰，从天王星上扯下一大块物质，这些物质后来又落到天王星上，由此产生的猛烈冲击，使天王星翻倒。接着，那块特大物质又冲过海王星轨道，这时它的动能才消耗尽，进入绕太阳运行的新轨道，成为外侧的一颗行星。

人们将"法艾东"行星的毁灭叫做"法艾东灾变"。我们地球也受到"法艾东灾变"的影响，气候发生激烈变化。恐龙就是在这次气候变化中灭绝的——这就是行星灾变来历说。

这些假设和猜测对不对？如何揭开冥王星之谜？最好的办法是让宇宙飞船把人送上冥王星，如果它确是"法艾东"行星的一部分，则在它上面一定有高级文明的遗迹，那么，就可以像在地球上考古那样进行考查，揭开这个万古之谜。但是，冥王星离我们太遥远，最近时也有 40 亿千米，飞船来回需要二三十年的时间，我们现在的技术还办不到。那么，发送探测器到上面去考察行不行？这当然可以。不过冥王星上有没有固体表面还没有把握，即使探测器可以着陆，那里的环境条件能允许探测器工作多长时间呢？至少那里的温度是极低的，向阳面为 $-223\,^\circ\mathrm{C}$，背阳面为 $-253\,^\circ\mathrm{C}$。那么，剩下的办法就是发送探测器去就近进行探测了。这一天是会到来的。

在这之前，人们还想到一个好办法，就是用火箭或航天飞机将望远镜送到绕地球运行的轨道上，那里没有大气遮挡，可以更清楚地进行观测。1990 年 4 月由航天飞机送入轨道的"哈勃"号太空望远镜，就可以担负起观测冥王星的任务。可惜由于制造误差，"哈

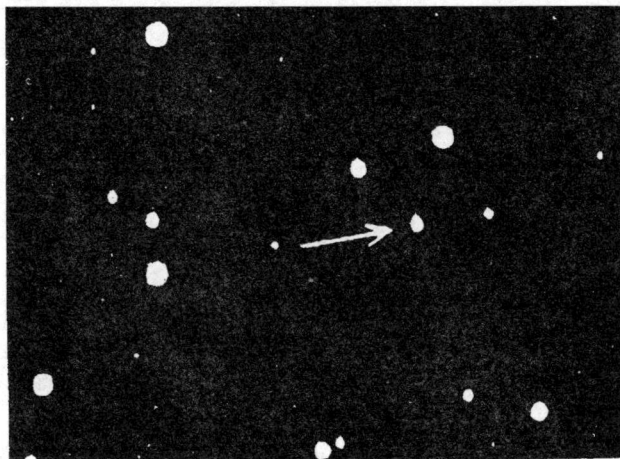

冥王星（箭头所指）

勃"号太空望远镜"近视"了。但是我们可以相信，一旦"近视"被矫正，"哈勃"号太空望远镜将会使我们对冥王星的知识大大增加。

冥王星目前正处在离太阳较近的位置上，通过地面和太空的各种观测，以及先进的计算机和高超的计算机处理技术，冥王星上的许多秘密将会逐渐被揭示。当然，是不是有"法艾东"灾变说中的高级文明的遗迹，仍然需要等待人们前去考古了。

调查"散兵""游勇"

　　这里说的"散兵",是指小行星。为什么这样称呼,往下你就明白了。我们先讲小行星传奇式的发现过程。在古代,用肉眼只能看到水星、金星、火星、木星和土星,加上地球共六大行星。它们与太阳的平均距离,如果以地球为1的话,则分别为0.387、0.723、1、1.524、5.2、9.539。1766年,有个叫提丢斯的德国人,他把0、3、6、12、24、48、96、192……这组数字加4,再除以10,得到新的一组数字是0.4、0.7、1、1.6、2.8、5.2、10、19.4……他发现了奇迹,前面7项,除了第5项外,与六大行星离太阳的平均距离非常接近。这是偶然的巧合,还是太阳系大行星的排列规律?15年后赫歇尔发现了天王星,经计算,它与太阳的距离是19.182,与第8项非常接近!看来这确实是大行星的排列规律。那么,为什么第5项没有对应的行星呢?是不是在火星(第4项)和木星(第6项)之间有一颗还没有被发现的大行星?天文学家和业余天文爱好者用望远镜在那个区域寻找了20年,都没有找到那颗大行星。

　　1801年1月1日,意大利天文学家皮亚齐在火星和木星之间发现一个新天体。他高兴了一阵子之后,又有点失望,因为计算结果,这个天体太小,当时计算直径只有768千米,不可能是那颗未知的大行星。人们将新发现的这个天体叫"小行星",并命名为谷神星。

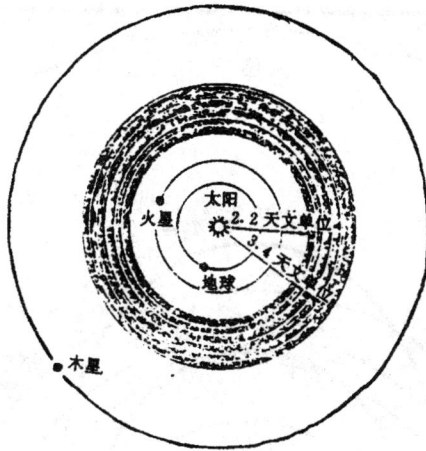

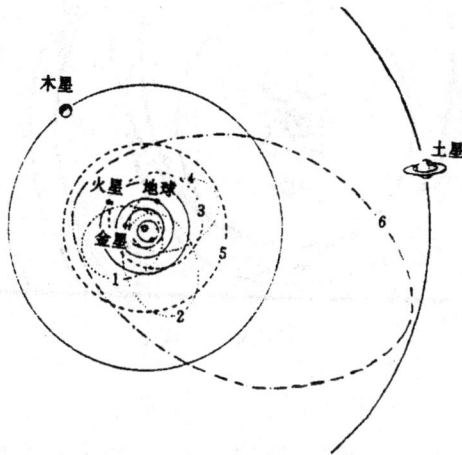

小行星轨道示意图

几个小行星的轨道

1.阿波罗 2.阿多尼斯 3.爱神星 4.赫米斯 5.谷神星 6.希达谷

在以后的寻找中，仍然没有找到那颗大行星，但却陆续发现智神星、婚神星和灶神星等一大批小行星。它们像一群"散兵"，大多数各自在火星和木星轨道之间绕太阳飞行，少数有时接近地球、金星甚至水星，有的还超出木星轨道而接近土星。目前已上"户口"（正式命

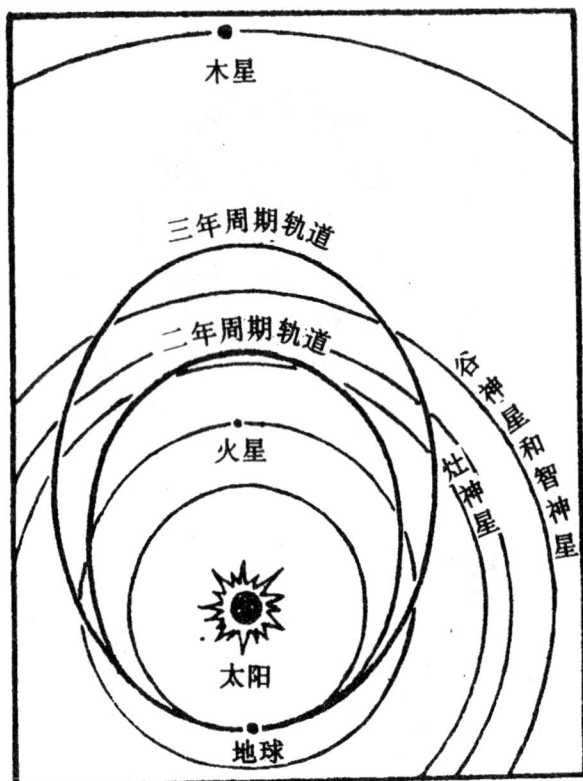

"小行星使命"原理图

名）的小行星已达 2000 多颗，实际上可能有 50 万颗以上，总质量约为地球的万分之四。它们大多数很小，直径 300 米到 200 千米不等，直径在 200 千米以上的只有 13 颗，最大的谷神星直径约 1000 千米。

小行星距太阳的平均距离为地球的 2.77 倍，正好与提丢斯计算中第 5 项的数字接近。因此，有些人认为小行星是由一颗大行星碎裂而成的。但也有人认为小行星是太阳系形成过程中残留下来的物质。如果是这样，研究小行星对了解太阳系的形成和演变很有意义。有的小行星上还有丰富的铁和镍，因此，科学家们对小行星很有兴趣。人们设想用航天技术探测、开发小行星。

美国人设想探测爱神星的方案是，先用火箭把探测器送入太空，在电火箭的推动下，400 天接近爱神星，然后绕这个小行星飞行，进行 100 天探测，并施放着陆器采集样品，最后返回。来回时间 3 年 3 个月。

欧洲人有一个叫"小行星使命"的设想，发射一个探测器，使它按椭圆形轨道绕太阳飞行，它的近日点总是正好接近地球。它每一次飞过地球时，都可以借用地球的引力而飞得更远，这样就可以一个一个对谷神星、智神星、婚神星等一大批小行星进行探测。

苏联和法国也有一个探测灶神星的"韦斯塔"计划，同时发

明亮的彗星

射两个探测器，先飞向金星，对金星进行探测，并向金星施放着陆器，然后借金星的引力改变方向飞向灶神星，沿途可对许多小行星和彗星进行探测。最后绕灶神星飞行，进行探测，并放出着陆器降落到灶神星上。探测资料随时送回地球。

还有人设想把某个含有丰富矿藏或对太空开发有用的小行星推到方便的轨道上来进行开发利用。

你们看，太阳系的"散兵"也能为人类服务哩！那么，太阳系的那些"游勇"呢？

噢，所谓"游勇"，是指彗星。这里，也得先认识认识我们的探测对象。

"披头散发"，拖着长长的尾巴，定时飞近太阳，然后又远离太阳而去的彗星，活生生地是个浪迹江湖的游勇的形象。过去由于它们行踪诡秘，形状古怪，像把扫地的扫帚，故人们叫它扫帚星。古时，由于对彗星不了解，认为它是"不祥之物"。扫帚星的出现，被认为预示着要改朝换代，有洪水、饥荒和瘟疫流行等等。因此很讨厌它们。"扫帚星"成为倒霉、晦气的代名词。

其实，彗星也像大行星、小行星一样是太阳系的居民。它由冰

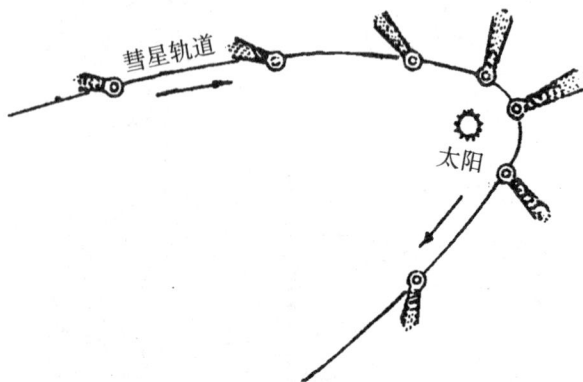

彗星过日图

块构成。只是它的运行轨道又扁又长，接近太阳的时间很少，大部分时间离太阳很远很远。如 1976 年绕太阳飞行一圈的哈雷彗星，接近太阳的时间只有 1～2 年，我们肉眼能看到的时间只有几个月。而对于那些绕太阳一周要几百、几千年的彗星来说，就更难看到了。因此，彗星显得行踪诡秘。

彗星的形状也不总是像扫帚，只是在它接近太阳时，太阳热辐射使它的部分冰升华成水汽，强大的太阳风把水汽朝后压，才形成彗发和尾巴，使它"披头散发"而来，又"披头散发"而去。其实，要不是太阳风使它形成尾巴，它也是像模像样的一颗星，形象并不古怪。

从某种意义上说，彗星比其他行星、小行星和卫星，与地球人类可能有更密切的关系。在数十亿年前地球刚刚形成时，是个温度极高的流质球体，不可能有生命。科学家认为，地球上的生命种子来自宇宙。前苏联物理学家凯马科夫经过长期的研究，进一步认为地球上生命的种子来自彗星。航天时代开始以来，凯马科夫用各种科学卫星对一颗叫"科戈乌捷卡"的彗星进行考察，发现这颗彗星上含有分子形态的有机物质。这些物质附着在冰块的表面上，当冰块融化时，这些有机分子卷成小球。数百万个有机分子集合在一起，形成生物聚合物，变成产生生命所必须的蛋白质、脱氧核糖核酸和核糖核酸分子螺旋

"国际彗星探险者"探测器

体。这些生命的种子有时会落到地球上来，一旦环境适宜，就逐渐演变为生命。凯马科夫已用实验证明了有机分子的这种集合过程。

1968 年 5 月，美国天体物理学家弗兰克提出一种假说，认为地球上的水不是以前解释的那样来自地心，而是来自彗星。他认为在太阳系中存在着由许多彗星组成的彗海。这些彗星在地球引力作用下，高速冲向地球，每小时达 1200 颗。它们受太阳辐射、大气摩擦等的作用，变成冰雪微粒，最后以雨雪的形式落向地面。经长年的积累，就构成了今天的江河和海洋。

如果这个假说成立，不仅说明彗星与地球人类关系最密切，而且关于地球生命之谜，恐龙灭绝之谜，木星、天王星有冰块构成的卫星之谜，火星运河和白色极帽之谜，乃至艾滋病之谜等等，都可迎刃而解。你看，探测彗星的意义是多么宽广和深远啊，难怪科学

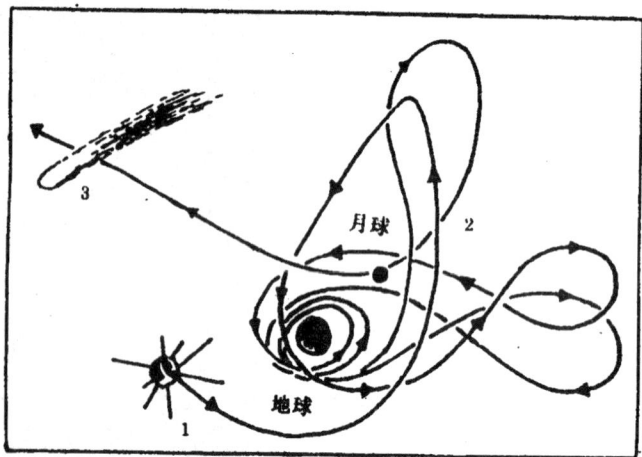

ICE穿过贾科比尼—津纳彗星

1.1982 年 6 月 10 日，该卫星探测太阳风近四年后，奉命调头探测贾科比尼—津纳彗星。

2.1983 年 12 月 22 日，第五次借助月球引力调整轨道，开始向该彗星飞去。

3.1985 年 9 月 11 日，卫星穿过彗尾。

家探测彗星的兴趣很浓。1985年9月，美国"国际彗星探险者"探测器首次穿过一颗叫做"贾科比尼－津纳"彗星的尾部。1986年，前苏联的"韦加"号，西欧国家的"乔托"号，日本的"彗星"和"先驱"号又对哈雷彗星进行了详细的探测，还发现了简单的有机分子。目前，一些国家又计划把一个探测器送到"丘留莫夫－格拉西缅科"彗星上去，并带着探测资料和彗星样品返回地球。

既然彗星是生命的故乡，对彗星的探测是非常激动人心的事，或许你也跃跃欲试吧。

拨开大气看星星

能"拨开"大气的，只有航天技术；看星星是天文学的研究内容。要了解航天技术与天文探测的关系，先要弄清楚天文探测的重要意义、天文探测的方法和发展历史。

在浩瀚的宇宙中，包藏着无穷的奥秘。举例来说，宇宙的年龄有多大？它是如何起源和演变的？能找到大爆炸的证据吗？星星总是后退而远离我们（即红移），也就是说宇宙在不断膨胀，那么，宇宙总是膨胀下去，还是有一天会开始收缩？能观察到诞生新恒星的超新星爆发吗？恒星老化后剧烈收缩，密度无限增大，形成黑洞，它的巨大引力能吞食包括光线在内的所有物质，可是黑洞在哪里？我们寻找地外文明，地外文明总不能存在于异常高温、条件恶劣的恒星上，可是太阳系以外可以繁衍地外文明的行星在哪里？太阳有伴星和第 10 颗行星吗？等等，等等，每一项都是重大的研究课题，每一项都可以取得重大的研究成果。1964 年，美国科学家彭齐亚斯和威尔逊在用高灵敏度天线系统进行射电天文探测时，发现总有消除不掉的噪声干扰，就像收音机、电视机的杂音一样。经研究，认为是一种起源于宇宙大爆炸时的微波辐射噪声。这是宇宙大爆炸的有力证据。彭齐亚斯和威尔逊因此而获得 1978 年的诺贝尔物理学奖。

进行天文研究，与其他研究有不一样的地方，许多天体看得见，摸不着，更不能搬到实验室来化验，也不可能都去实地考察，有的天体甚至连形影都看不到。

"那么，人类如何进行天文研究呢？"

天无绝人之路。所有天体，要么发射可见光；要么发射紫外线；即使是藏在宇宙角落里的冰冷天体，只要它的温度高于绝对零度，即$-273℃$，都会向外发射红外线；要么发射无线电波；有的还发射X射线和γ射线。人们就是通过天体发出的可见光、紫外线、红外线、无线电波、X射线和γ射线来研究它们和认识宇宙的。

最古老的天文学是用肉眼观察天体发出的可见光形成的，属光学天文学。光学望远镜诞生后，使观测的范围和精细程度大大提高，这是天文观测的一次飞跃。用光学望远镜不仅可以探测天体的位置、分布和运动，而且可以研究天体的形态、结构、化学成分和物理状况。

无线电技术发展起来后，人们又建造了射电望远镜等各种无线电观测仪器，就是通过接收、测量、分析天体的无线电波进行天文探测和研究，从而诞生了射电天文学，使天文观测产生第二次飞跃。因而在20世纪60年代，有类星体、脉冲星、星际分子、微波背景辐射等四大发现。

但是，无论光学天文学还是射电天文学，都是在地面上进行观测的，要受地球大气层和地球重力等的影响。

大气层中的水和二氧化碳，强烈吸收天体射来的红外线；大气中的氧、臭氧和氮，强烈吸收天体射来的紫外线；X射线和γ射线更难通过大气层到达地面。因此，地面上无法或很难通过红外线、紫外线、X射线和γ射线探测研究宇宙。可见，对于设在地面上的射电望远镜来说，无法探测到天体发射的短波，因为它被地球低层大气的水汽等吸收了；也无法探测到天体发射的甚长波，因为它被

射电望远镜

地球大气的电离层反射回去了。对光学望远镜来说，地球重力会使镜筒弯曲，大气会对星光造成闪烁、折射、漫射、非选择性消光等。有个美国天文学家打比方说，透过地球大气层观察恒星，就像躺在湖底透过湖水看飞鸟一样困难。

"怎么办？"

航天技术可以帮助天文学家克服这些困难，如让光学望远镜绕地球轨道飞行，那里既没有重力，又高居稠密大气层之上。在月球上设射电望远镜，那里没有大气，也没有人造的电磁波干扰。没有大气的干扰，光学望远镜的灵敏度大大改善，能更清楚地看到星体的几何形状，更有利于研究它们的演化过程；射电望远镜可以进行短波和甚长波段天体辐射的研究。

在太空可以进行天体的 γ 射线、X 射线、紫外辐射和红外辐射的探测。有人通过计算认为，用太空望远镜进行天文观测，它的面景辉光要比在地面上减少一百万倍到一千万倍，从而使望远镜的红外敏感度提高约 1000 倍。航天技术促使空间天文学的诞生，空间天文学的诞生带来了天文观测的第三次飞跃，它是比前两次飞跃更大的飞跃。

航天时代以来，科学家非常重视发展空间天文学。美国、苏联、欧洲各国和日本发射了一大批天文探测卫星和太空望远镜，进行了大量的天文探测，大大丰富了人类的天文知识。

美国、英国和荷兰联合研制的红外天文卫星，1983 年由美国发射，在一个月之内就观测到 4000 多个发射红外线的红外源，相当于过去地面上观测的红外源的总和。发现两万个以前不知道的星系。发现银河系大约每年有一颗新恒星诞生。更惊人的是，在织女星和其他 50 多颗恒星周围发现有类似行星的天体，如果能最后落实，这是存在其他"太阳系"的重要证据，也就是说，会大大增加存在地外文明的可能性。在太阳系新发现一颗小行星、五颗彗星、火星和木星轨道之间三个神秘的巨大尘埃带。

1987 年 2 月，苏联"和平"号航天站的"量子"天文物理舱观测到一次诞生新恒星的超新星爆发，那是 1604 年以来最大的一次，发出相当于 10 亿个太阳的光和热，同时放出大量 X 射线。通过对 X 射线的观测，展现了超新星爆发的独特景象，观察到了超新星的内核。

"先驱者 11"号探测器在飞向太阳系边缘时，还担负了一项迷人的使命，那就是了解太阳是否有伴星和它是不是有第 10 颗行星。

1990 年 3 月发射的"哈勃"号太空望远镜，主镜的直径达 2.4

"哈勃"号太空望远镜

米，虽然比地面上最大的光学反射望远镜（6 米）小得多，但它观测的距离达 140 亿光年，是地面最好的光学望远镜的 7 倍，观测的宇宙空间范围大 350 倍，图像清晰度和分辨率都高 10 倍，可以观测到 29 等亮度的暗弱天体，相当于可以看到 500 千米之外的一支蜡烛光。人们希望它能揭开宇宙的起源和演变、黑洞、类星体红移等许多宇宙奥秘，进一步探测太阳系以外的行星和在那些行星上是否有生命，甚至高级文明存在。还有对我们太阳系进行更深入的探测。虽然由于制造上的误差，使"哈勃"号太空望远镜"近视"了，但它仍然能进行许多空前的探测工作，可以指望它有更多的新发现。何况，在 3～5 年之内"近视"能够得到矫正。我们相信，在不久的将来，即使不是"哈勃"号太空望远镜，也会有其他许许多多太空望远镜的探测，给人类认识宇宙带来新的飞跃！

宇宙，是天文探测的对象；宇宙，是宇宙航行的环境。

广阔无边的宇宙

外出旅游，最好买张旅游图，先了解一下旅游地的情况。在宇宙中航行，自然要了解一下宇宙。

"天上一颗星，地上一凡人，凡人一口气，能数 24 颗星，1 颗星、2 颗星、3 颗星……"。小时候夏夜乘凉，常与伙伴们玩这种数星星的游戏，看谁一口气数的星星多。那时候以为天上只有太阳、月亮和星星三样东西。太阳最亮，月亮最大，星星最暗、最小、最多。后来知道，天上的星星确实是最多的，比地球上的人口多得多。但它们不是最暗、最小的。那些看起来总是在一个方向上的数不清的星星，是与太阳一样能发光的恒星，许多都比太阳大得多、亮得多。月亮只是围绕地球运行的一颗卫星，是最小的。地球与水星、金星、火星、木星、土星、天王星、海王星等八大行星和一些小行星及彗星又围绕太阳运行。除水星、金星外，其他行星也有围绕它们运行的卫星，有的多达几十颗。这些行星、卫星、小行星和彗星与太阳一起构成太阳系。太阳系中的所有天体都跟随太阳围绕银河中心运行。太阳只是银河系中1000多亿颗恒星中的一颗。而宇宙中还有亿万个像银河系这样的星系。

要知道宇宙有多大，还得从地球说起。现在我们知道地球的直径约 12800 千米，周长约 40000 千米。这太大了，没有人能看到它

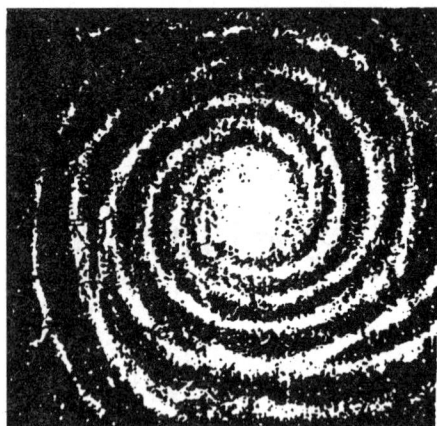

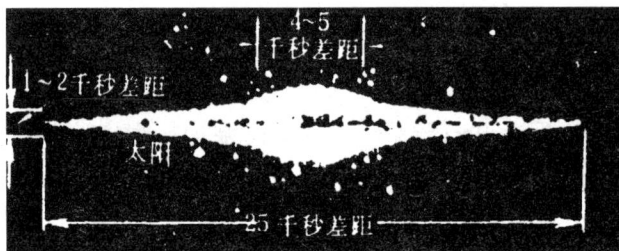

广阔无边的宇宙

的表面是弯曲的，所以古时候的人多认为地球是方的或扁平的，等等。后来知道地球是圆的，从一个地方出发，绕地球一周后又可回到原来的地方。但由于地球太大了，使许多航海家闹出一些历史性的笑话来。如哥伦布于 1492 年从西班牙到达美洲，他以为已到达了东方的印度，所以把那里的土著民族叫做印第安人，中美洲的群岛今天也叫东印度群岛。1519 年麦哲伦从西班牙出发，他的船队于 1522 年回到出发地，绕地球一周，才证明地球确是圆的。

地球虽大，可是它在太阳系中充其量是沧海一粟。地球与最近的天体——月球之间的平均距离有 384400 千米，差不多是地球直径的 30 倍；而地球与最近的行星——金星之间的距离，最近时也有

4000万千米；地球到太阳的距离则有 1.496 亿千米；地球与冥王星的距离最近时也有40多亿千米。这样的数字太大。为了方便起见，人们把地球到太阳的平均距离作为1，取名叫"天文单位"。用这个单位来度量太阳系的距离就方便多了。太阳与地球的距离为1天文单位，与水星为0.4天文单位，与金星为0.7天文单位，与冥王星为40天文单位，等等。

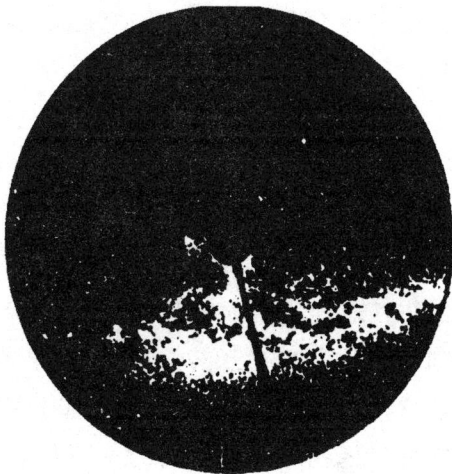

银河照片

太阳系虽大，可是它在银河系中，在宇宙中却非常渺小，远远达不到沧海一粟的比例。离太阳最近的恒星——半人马座 α 星，与我们相距43万亿千米。目前，我们观察到的最远的星星，是这个数字的30多亿倍。这样的数字太大，即使用天文单位来表示也很不方便，于是人们又采用了一个新单位——光年。就是用光走一年的距离为1，来量度恒星之间的距离。大家知道，光1秒钟走30万千米，1年走的距离差不多是10万亿千米。这样我们可以说，太阳到半人马座 α 星的距离为4.3光年，与最亮的恒星天狼星为8.7光年，与牛郎星和织女星分别为16.63和26.3光年，与有名的参宿七为850光年，银河系的跨度达10万光年。到仙女座为230万光年。目前人类探知的最遥远的星，距离我们已达150亿光年。这就是说，如果这种星体正好是150亿年前宇宙大爆炸时诞生的，那么，我们现在看到的是它刚刚诞生时发出的光。

我们平时说的宇宙航行，就是在这样广袤的空间进行的，而我们现在的太空活动范围，远远不及海滨游泳池与大洋的比例。所以我国著名科学家钱学森指出，宇宙航行应包括两个阶段，第一阶段为航天，就是人类在太阳系内的航行活动；第二阶段为航宇，就是冲出太阳系到银河系，乃至河外星系去航行。

科学技术必须再有几次飞跃，人类才能实现航宇的理想。试想想看，我们现在有许多人恐怕还没有到过 40 千米以外的地方，而我们与月球的距离大约是 40 千米的 1 万倍，我们与海王星的距离又是到月球距离的 1 万倍，约 40 亿千米。美国著名的"旅行者"号探测器整整走了 12 年才到达海王星。离我们最近的恒星半人马座 α 星的距离，是到海王星距离的 1 万倍，约 40 万亿千米，"旅行者"号要飞行 120000 年才能到达。如果按一代人工作 60 年计算，则需要 2000 代人连续工作才能实现。如果要返回的话，则时间还得加倍。

实现航宇的困难还不仅仅是时间问题；还有用什么能源作动力的问题。大家已经知道，飞船要达到每秒钟飞行 7.9 千米的速度才能克服地球引力，围绕地球飞行；要达到每秒钟飞行 11.2 千米的速度，才能脱离地球引力，到行星际空间去旅行，为了送阿波罗飞船到月球上去，美国人制造了巨大的火箭"土星 5"。它由三级组成，加上装在顶端的阿波罗飞船，有 110 米高，重 3200 多吨，最大直径达 10 米。它的第一级发动机只工作 2 分半钟，消耗燃料就有 2000 多吨。按一辆汽车每天用油 10 千克计算，这些燃料可供 1 辆汽车使用 600 年！但是，要飞出太阳系，飞船必须要达到每秒钟飞行 16.7 千米的速度，这该要多大的火箭和需要多少燃料呀！实际上是不能用现在的火箭作航宇飞行的动力的，即使携带着巨额燃料的火箭能够起飞，带来的问题也很多，而且速度也太慢。显然需要另想办法。

航宇飞行的另一个困难是通信问题。从半人马座 α 星向地球发电报，无线电波要走 4 年多才能到达，那里要收到回电，则需等 8～9 年。如果是 3 万光年的距离，则来回要 6 万年。还有，有人计算过，要能走这么远的无线电波，需要一颗中等恒星的发射功率、发报机的球形天线半径达 1500 万千米。这样强大的通信电台是无法建在地球上的，它发射的强大能量会即刻把地球毁灭掉。即使是在离地球 100 个天文单位的地方建 1 座球形天线半径为 5000 千米、作用距离为 1 万光年的无线电发射台，所用材料的质量就相当地球质量的五分之一，建造的时间需要 300 万~3000 万年！而且，飞船上的通信设备又如何解决呢？那该要多大的飞船呀！

实现航宇还有一个生命如何延续的问题。一代人是不行的，飞船上必须要能容纳一个"部落"，靠子孙相传，一代接一代地去完成。这样，飞船上不仅要解决衣食住行问题，而且要解决社会发展的所有问题，也就是说飞船要携带一整个社会。

尽管实现航宇存在着种种巨大的困难，但人类终将克服这些困难，而且时间也不会是很长很长的，也许 100 年，也许 50 年。

天上方数日，地上几千年

在广阔无边的宇宙中，用现在的火箭做动力航行，到离我们最近的恒星去也要上万年，如果要到更远的地方去，即使用光速航行，也要几百、几千、几亿甚至几十亿、上百亿年。这样看来，宇宙航行似乎是不可能的事。

"听说天上的一日，等于地上的几千年，叫什么'天上方数日，地上几千年'吧！"

是的，正是这个"天上方数日，地上几千年"，打开了宇宙航行的大门。"车到山前必有路"嘛！

"我很想知道这是为什么，但怕其中的道理太深奥，一时弄不懂。"

要说明这其中的道理，必须说到著名的犹太人科学家爱因斯坦。他在 1905 年创立一种理论，叫《相对论》。当然，《相对论》的理论是深奥的，但我们不去研究《相对论》本身，而只要借用他的结论就行了。

"什么结论？不难懂吧?!"

这个结论就是：光速是宇宙中最快的速度，其他任何物体的运动速度只能无限接近光速，不可能超过光速。

"那宇宙航行更没有希望了。"

爱因斯坦

　　别急，奥妙就在这里。虽然任何物体的运动速度不可能超过光速，但当它接近光速时，时间会膨胀（变慢），距离会缩短。越接近光速，时间膨胀得越多、距离缩短得越多。

　　根据这个结论，宇宙飞船高速飞行时，如果时间膨胀了1倍，飞船上的1天，等于地球上的2天；如果时间膨胀了1825000倍，则飞船上的5天，等于地球上的5000年。你看，这不是"天上方数日，地上几千年"吗？

　　具体膨胀多少，可以根据速度的大小算出来。如当飞船的速度达到光速的90％时，时间膨胀2.3倍，距离缩短54％；当达到光速的99％时，时间膨胀7倍，距离缩短86％，这样，到4.3光年的半人马座只要7个月；到8.7光年的天狼星只要1年3个月；到16.63和26.3光年的牛郎、织女星分别只要2年4个月和3年9个月了。当飞船的速度达到光速的99.999999％时，到半人马座α星只要50

多小时，到天狼星只要 100 多小时，到牛郎星和织女星分别只要 200 小时和 300 多小时。当飞船的速度提高到光速的 99.9999999％ 时，时间将膨胀 2000 多倍，飞船上的 4 小时相当地球上的一年。这样，到达上述 4 颗恒星只分别需要 17 小时、35 小时、66 小时和 105 小时，这大致只相当从北京坐火车到上海、广州、乌鲁木齐和莫斯科的时间。当飞船的速度提高到小数点后面 10 个 9 的光速时，到牛郎星只要 2.04 小时，这就只相当城里人到郊区去旅游了。你可以吃过早饭到那里去送个信，再赶回家中吃午饭。如果飞船速度非常非常接近光速，飞船上的一秒钟可相当地球上的几年、几十年甚至千百年，你可以花上一两个小时绕银河系（跨度 10 万光年）转一圈，花一天的时间就可到达距我们 230 万光年的仙女座，或者更远的星系。当然，当你从那里返回时，地球的面目早就不是原来的样子了；而你的亲人更是无法考证了。

你也许会问，汽车、火车、飞机和火箭速度那么快，为什么没有看见时间膨胀、距离缩短呀！回答是肯定的，只是它们的速度相对光速来说，小得太多太多。如汽车、火车的速度每小时约 80 千米，每秒才 0.02 千米，这样的速度只能使距离缩短一个原子核的直径那么一点点。形象地说，只有一粒大米的亿万分之一。对于 1 小时飞 1000 千米的飞机来说，距离也只缩短一个原子的直径那么大一点；即使是达到第二宇宙速度的火箭，也只能使距离缩短 1/8 毫米，所以我们感觉不出来。

相对论虽然奇迹般地解决了宇宙航行的时间、距离和生命问题，但接下来的问题是，用什么能源，用什么方法使飞船的速度接近光速呢？

1953 年德国人桑格尔提出光子火箭的设想，科学家认为，光是由光子组成的，如果火箭向后喷射光子，就可推动飞船以接近光速的速度飞行。那么，如何产生光子呢？大家知道，物质是由各种粒子组成的，同时，有正粒子就有反粒子，如正电子和负电子等等。正粒子和反粒子相碰时，会同时消失而生成光子，这叫"湮灭"。

"什么叫湮灭？"

空中正电和负电相碰发出闪电就是这个道理呀。有人计算过，0.5千克正粒子和0.5千克反粒子湮灭，能产生相当于1000千克铀裂变反应释放的能量。用25吨正粒子和反粒子湮灭，可使飞船以98％光速的速度飞向半人马座α星，再用25吨正粒子和反粒子湮灭来减速，就可把一吨载荷送到那里。问题是，地球上的反粒子很少，大量制造也很困难。

美国有个著名的实验室叫"洛斯·阿拉莫斯"。20世纪50年代末，一些科学家在那里进行实验，设想用氢弹爆炸产生的冲击波，推动飞船前进，这叫核脉冲推进。他们设计了一艘叫"奥利安"号的飞船，计划在1968年飞往火星并返回。1968年，物理学家迪森将"奥利安"号改进设计为宇宙飞船，装载30万枚氢弹，每3秒钟爆炸一枚，在10天之内可将飞船加速到每秒1万千米的速度（光速的1/30），130年把几百人送到半人马座星系。当然，这些计划都没有实现。

飞船携带的氢弹重量太大，于是有人设想从太空中收集氢，用氢聚变产生能量，推动飞船前进。但太空中的氢很稀薄，要收集到足够的氢，收集器的直径需要1400千米！

随着科学技术，特别是激光技术的发展，科学家又有了新的设想，就是用强大的激光的光子压力来推动宇宙飞船。1984年，一个叫福瓦特的科学家，设想出一个叫"星束"号的宇宙飞船，它用太阳能电站卫星产生的20千兆瓦的微波束，射向飞船上直径1千米，重20克的帆上，1星期内可使飞船的速度达到光速的20％，18年可到达半人马座星系。另一种叫"星集"号的飞船，采用65千兆瓦的激光束，射向直径3.6千米、重1吨的帆上，可使飞船每秒钟加速

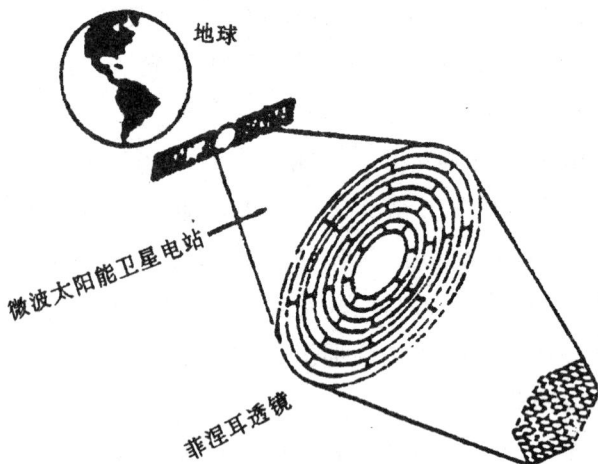

"星束"号宇宙飞船

0.36 米，3 年后达到光速的 11％，40 年可到达半人马座星系。如果加大帆的面积或增强激光的能量，可使飞船达到 50％的光速，用 46 年时间可在距地球 10.8 光年的 E·E 星系之间飞一个来回。当然，地球上的时间不是 46 年，而是 51 年。

　　能源和速度问题解决后，载人宇宙航行还存在一些问题。如人如何忍受巨大加速度产生的超重。为了解决这个问题，人们又想出另一个叫做"引力屏蔽"的办法。

　　"什么叫'引力屏蔽'？"

　　你知道，物体都有引力，在宇宙中形成一个引力场。物体的惯性就是这个引力场造成的。如果设计一种宇宙飞船，它能形成反引力场，就可用反引力抵消引力。这就叫"引力屏蔽"，就是把引力挡住。由于不存在引力了，宇宙飞船只要极小的推力就可以非常接近光速的速度飞向目标。飞船中的人由于失去了惯性，也就感觉不到加速度产生的超重了。

　　速度问题解决后，通信仍然是一个难题。如飞船上的人从距地球 850 光年的参宿七处打电报与家人联系，850 年后家人才能收到。如果飞船上的时间膨胀了 1200 倍的话，飞船上的人若每 0.1 秒钟发一个字码，每 5 个字码组成一个汉字，则地球上的人每两分钟才能收到一个字码，10 分钟收到一个汉字。144 个字的电报，要一天一夜才能收完。

还有，飞船以接近光速的速度飞行，宇宙中的各种尘埃和颗粒也会以同样的速度撞击飞船。同时，建造巨大而坚固的飞船，在材料和工艺上也还存在许多问题。

但是，具有高度智慧的人类，也将像解决时间、生命、能源和速度问题一样，解决存在的其他各种问题。也许你会在解决这些问题中做出自己的贡献哩！

UFO 之谜

　　探索宇宙的奥秘是航天技术的任务之一。在地球附近的空间内，最使人难解的自然之谜，莫过于扑朔迷离的不明飞行物，西方人叫它 UFO，因为英文字"不明－飞行－物"是以这三个字母开头的。

　　那么，不明飞行物——UFO，为什么又叫"飞碟"呢？这里有一个典故。1947 年 6 月 24 日，美国一个叫做肯尼思·阿诺德的灭火器材公司老板驾驶私人飞机飞行时，突然发现在 30 多千米外有 9 个圆盘形的不明飞行物向他飞来，但很快又神秘地消失了。阿诺德向机场报告了这件事，记者采访后作为重大新闻发布。第二天，通讯社在向全美国播发这条消息时，用了"飞碟"这个词。这条"飞碟"消息，不仅在全美国引起轰动，而且引起了全美国的飞碟热，每天的报纸上都有大量发现飞碟的报道。不久，在加拿大、澳大利亚等国也报道发现了不明飞行物，并且也沿用"飞碟"这个词。此后，随着不明飞行物热在全世界的兴起，不管那些不明飞行物的形状是否呈圆盘形，都叫做"飞碟"。于是，"飞碟"这个词也就传遍了全世界，成了不明飞行物（UFO）的代名词。

　　"UFO 到底是什么？"

　　UFO 有些是人们对灯火、气球、飞机、卫星、火箭碎片和流星等的错觉或误认；有些是特殊的大气现象；有些是人为的恶作剧；

天外来客

有些则是发现者的伪造。但是，有一些 UFO 用上述种种现象都无法得到解释。据法国政府一个研究小组对 11 年发生的 1600 起 UFO 目击报告的调查，有 38％不能做出科学的解释。于是人们想到了外星人，认为飞碟可能是外星人派到地球上来的飞船。由于外星人的文明比地球人高得多，那些违背常理、用地球人的科学技术无法解释的许多 UFO 现象，可以统通归之于外星人的杰作，这至少是一种心理上的巨大满足和寄托。这样，不明飞行物又与外星人和外星人的飞船联系起来了。对于那些认为 UFO 就是外星人的飞船的人来说，不明飞行物（UFO）＝外星人飞船＝飞碟。各国政府（极少数例外）和绝大多数科学家对这种观点有保留。所以，研究飞碟的工作，大都由民间组织在进行。

不管对 UFO 的认识如何，也许大家会同意这样的观点：不明飞行物既然是一种不断出现的现实事物，那是应该弄清楚的。但现在恰恰是，对一些 UFO 现象难以做出令人信服的解释。

请你看下面这些例子。

1896 年和 1897 年，美国的亚拉巴马、加利福尼亚、爱达荷、密执安等 20 多个州，先后有几千人声称见到了一种奇怪的飞船，形状像雪茄，带螺旋桨，有人驾驶。而那时连用马达驱动的飞机都没有。

1947 年，美国空军军官蒙代尔驾驶 F－15 战斗机与另外三架飞机发现一个 UFO，他一面向地面报告，一面准备飞到 6000 米高空去跟踪，但突然无线电联系中断，蒙代尔机毁人亡。

1949 年 8 月 20 日，发现冥王星的汤博和妻子、岳母在新墨西哥州拉斯克鲁塞斯的住宅之外的夜空中，看到模糊地浮现出轮廓巨大的船体，从 6～8 个长方形舷窗射出绿光。他经常在自家庭院进行天文观测，从未见过这种现象。他肯定这不是地面物体的反射物。

目睹飞碟

1963 年 10 月的一个夜晚，阿根廷特兰斯卡斯市上空出现不明飞行物，3 只凶恶的狗和几十只家禽在庭院中被不明飞行物发出的耀眼光芒照射后，整整瘫痪了 40 分钟。另一次，不明飞行物使 50 米外的一名丹麦人双腿不能动弹，但头脑清醒。他看到一群羊也不能走动。还有一对夫妇被一种嗡嗡声吵醒，发现离他家 60 米外有一不明飞行物，这时，丈夫的手脚不能动弹，妻子露在被子外面的手臂上出现许多红色斑点。

1969 年 6 月 30 日晚，莫斯科昆柴夫斯基区的铁路道口，几辆汽车停在那里等待通过。当拦路杆抬起可以通过时，两个银色盘形飞行物箭也似地飞过道口，几辆汽车都启动不起来，几分钟后又同时都启动了。

1973 年 10 月初，美国密苏里州格兰多角，一个拖拉机手黎明时分带着妻子开着拖拉机在公路上行驶，一个发光物体从他们后面飞来。听到发动机声音时，他探出头去观看，突然一道白光袭来，他大叫一声，急忙将头缩进来，双手紧捂住双眼。妻子发现他前额又红又热，双眼看不见东西，眼镜框也受热变了形。急忙把他送进医院，五天后他的视力恢复 20%。

1974 年 10 月 11 日傍晚，新墨西哥州萨克拉门托峰天文台一名成员驾驶小型卡车在蜿蜒的山路上行驶，突然前上方出现 UFO，使卡车停车，接着 UFO 垂直加速，几秒钟内就消失了，卡车也恢复了正常。

1981 年 1 月 8 日，法国阿维尼翁一个荒村的农民正在修理水泵小屋，突然一个暗灰色的圆盘急促下降并着陆，他吃惊地靠上前去，圆盘立即浮起，倾斜地急速飞去。他立即报告警察，现场检查确定，不明飞行物降落处有强有力的机械压痕，并有 600℃的高温。

1981 年 4 月 17 日，日本的"多喜丸"在距金泽市不到 200 海里的海上航行。臼田船长突然发现一个飞碟冲出水面，在"多喜丸"

上空盘旋一阵后又钻入海中。进出水时都掀起大浪，打坏了"多喜丸"的外壳。事后船长还发现时钟慢了 15 分钟，这正好是 UFO 从出现到消失的时间。

1985年2月，在苏联彼得罗扎沃斯克近郊，一列空货车在行进，忽然从路旁树顶上出现一个发光的火球和火车并排飞行。到上坡时，火车的速度自动减慢，但奇怪得很，当火球飞到火车的前上方时，火车却加速奔驰起来。下坡时，司机刹闸减速，但没有用。而当失踪的火球再次飞到火车前上方时，火车就急剧地减速了。

1985年9月4日晚9时许，一位游客在苏联的敖德萨散步时，拍摄了夕阳落山的照片，在摄影方向没有干扰的灯光，但显影后，照片中却有奇怪的发光体。检查胶片和照相机都没有问题。

归纳起来，UFO 有以下这些特殊的地方：①性能比飞机、火箭、卫星更先进，可 180°和直角转弯，停、飞、升、降、快、慢随心所欲。②使飞机、船舶、车辆上的指南针、发动机、车头灯、收音机、电视机等产生电磁干扰。③使工业和民用供电中断。④动物行为异常，对人产生感电、放射性病症、火伤、下痢、视力下降、失神、记忆丧失、一时麻痹等生理影响。⑤着陆地点有压痕，土壤、植物被烧焦，发生物理、化学变化。

目前，不仅有许多民间组织，而且有少数国家的政府也在组织科学家对 UFO 进行研究。美国图书馆协会的编辑埃巴哈特，编制了一份 UFO 文献目录，包括 36 个国家的 15600 份 UFO 文献资料的名目。法国一批热心者在巴黎附近的沙蒂永建立了 UFO 数据库。美国各大学已有十几篇以 UFO 为内容的博士论文。1977 年，法国政府的国家太空研究中心，成立了一个专门从事 UFO 调查的小组，叫做"未确认的大气太空现象研究会"。它们还与国外研究者交流信息，主题之一是 UFO 的物证问题。与会代表希望加强国际合作，交换情况。

我们认为，目前的研究工作，除了努力获取物证外，应是从各个角度来解释那些违反常理的 UFO 现象，如果对各种不明飞行物都做出了有根有据的解释，那么，"不明飞行物"也就成了"有名飞行物"，地球上最大的悬案之一解决了，这是一件莫大的好事！

外星人，你在哪里

在许许多多的宇宙奥秘中间，外星人（又叫地外文明、地外智慧生物）恐怕是最大的奥秘了，不仅普通人因为他而激动难忘，也牵动着许多科学家的心。早在1900年，法国科学院就悬赏10万法郎寻找"火星人"以外的外星人。因为当时认为有"火星人"已是肯定的了。四五十年后，又有一家叫做"可蒂·沙克"的英国公司悬赏100万英镑，获取外星人的确切证据。但至今没有人能得到这些悬赏。

那么，到底有没有外星人呢？

一部分科学家认为有，他们的主要论据，粗略地说是，生命演化的过程是在整个宇宙范围内进行的，宇宙中有许多天体具有生命发展的条件。因此，生命是宇宙中的普遍现象，在银河系中就有10万到20亿处可能存在着智慧生物，而且9/10的地外文明都超过地球文明几百万年，因为太阳系在银河系中是较为年轻的。

另一些科学家认为没有，他们的主要论点是，生命形成需要几亿年的时间，而只有液态水才能孕育出高级生命。在一般情况下，由于自然环境的变化，液态水不可能保持这么长时间。有人通过计算机作过模拟实验，结果是，如果地球与太阳的距离比现在近百分之五，液态水就会被蒸发掉，变得像现在的金星一样；而如果再远百分之一，则液态水就会被冻结成冰，像现在的火星一样。因此，他们认为地球上的生命是宇宙中的特殊情况，是一种偶然现象。地球人类能发展起来，实属万幸。反过来说，如果确有地球外的高级智慧生物存在，它们的发展又比我们早几百万年，应该早就来到地球了。因为银河系的半径只有 5 万光年，即使他们以 1% 光速的速度航行，走过银河系也只要五六百万年。可是我们至今没有找到外星人来过地球的任何证据。

当然，没有外星人来过地球不等于没有外星人。也许由于各种原因他们暂时来不了或不愿意来地球。到底有没有外星人，只能用证据来说话。

为了寻找外星人的证据，科学家们主要做了两方面的工作，一是"收"，就是收听是否有外星人发出的无线电信号；二是"发"，就是向外星人发送人类的信息。

50 年代以来，已有 35 个监听站在收听是否有外星人发出的无线电信号。1960 年，美国康奈尔大学的天文学家德雷克搞了个"奥兹玛"计划，就是用直径 30 米的抛物面天线，对离地球较近的鲸鱼座 T 星和波江座 8 星进行了 400 小时的无线电监听。此后，美国、英国、日本和加拿大等国的科学家又对 1000 多颗星球和一些星系作了无线电探测。前苏联也系统地监听过外星人的信息。但上述活动都没有结果。

1967 年英国剑桥大学毕业生贝尔在监听外星人的无线电信号时，在 3.7 米的波长上发现一种有规律的空间脉冲信号，以 1.337 秒的间隔从狐狸座方向传来，他欣喜若狂，以为这就是外星人与地球人联系的信号，他庆幸自己首先发现了外星人的踪迹，立即向新闻界发表了他的发现，并将这种外星人称为"小绿人"。各国报刊纷纷登载了这条消息，"小绿人"在全世界引起轰动。接着，又陆续在其他天区发现好几个这种快速脉冲射电源。但是，经过系统观测，贝尔和他的老师——英国射电天文学家休伊什终于弄清了这些脉冲是中子星发出来的。所以中子星又叫脉冲星。

"小绿人"虽然是一场"虚喜",但科学家们并没有失望。从1968年开始,前苏联对外星人进行了更全面的探测活动。1971年在布拉干召开了"探索地外智慧生物会议"。70年代,美国国家射电天文台又主持了"奥兹玛Ⅱ"计划,对距地球80光年内的600颗星球轮番进行了详细观察和测量。

1979年,美国又在马里兰召开了"探索地外智慧生物会议"。1981年,法国还进行了发现外星人信号的模拟演习。这年12月,前苏联又在塔林召开了"探索地外智慧生物国际学术会议"。1982年在维也纳召开的联合国第二届和平利用外层空间大会上也讨论了外星人问题,并在名为《宇宙科学当前与未来状况》的备忘录中,写有"寻找地球外的文明"一节。这年8月,国际天文联合会成立了"宇宙生命探索委员会",由美国波士顿大学的贾尼斯任主席,德雷克任副主席。委员会计划用分布在世界各地的射电望远镜持续探测10~20年,系统地观察100多万次。

1985年9月,哈佛大学奥克里奇天文台又实施了"米塔"计划,用840个无线电频道,以每天半度的速度,对整个天球扫描,搜索外星人的信息。它的规模相当于一分钟完成一百万个"奥兹玛"计划。但是,规模更大的活动还在后面,那就是将于1992年开始的"寻找外层空间智慧生物计划"。将用世界上最大的射电望远镜(直径305米,10万个频道)和深空跟踪网,全面和重点相结合地截获宇宙中的无线电波,然后用计算机分析处理,从其中寻找外星人发出的信息。

以上是接收外星人发出的信号。科学家们还发出信息,代表地球人类与外星人联系。1974年,在阿雷西博巨型射电天文望远镜落成典礼上,向外星人拍发了第一封电报。这封1679个字的二进制数

从地球上发给地外文明的信息

码电报是拍给距我们 25000 光年的武仙座梅西尔 13 号星团的。当然，即使那里有外星人，也能收到电报，而且愿意与我们联系。但由于距离遥远，现在的任何人是无指望收到回电的。

1972 年 3 月和 1973 年 4 月，美国先后发射了"先驱者"10 号和 11 号探测器（飞船），它们除在太阳系进行探测外，也携带有给外星人的"人类名片"。那是一块长 13.5 厘米、宽 7.5 厘米的镀金铝片，上面标出了太阳系在银河系的位置。飞船从地球出发后的飞行路线、与地球对应的 14 颗脉冲星、地球上普遍存在的氢元素的结构符号、地球人男女裸体像及其与飞船的比例。这张"名片"在宇宙中经历亿万年仍可清晰辨认。如果外星人发现这张"名片"，就可按照上面的标示与地球人联系。

1977 年 8 月、9 月，美国发射的"旅行者 2"号和"旅行者 1"号探测器，除探测太阳系以外，也带有探测外星人的任务。它们携带一张铜唱片，上面录有 116 张展示地球人状况的图像、60 种语言、35 种音响、27 种乐曲。以每分钟 16/2/3 转的速度可放两小时。唱片存放在铝盒中，可在太空保存 10 亿年。如果外星人发现，就可了解地球人，并按上面的标示与我们取得联系。

探测外星人是一件美好的事业，因为外星人的文明程度比地球人高得多，如能与外星人取得联系，可能会给地球人类带来一次智

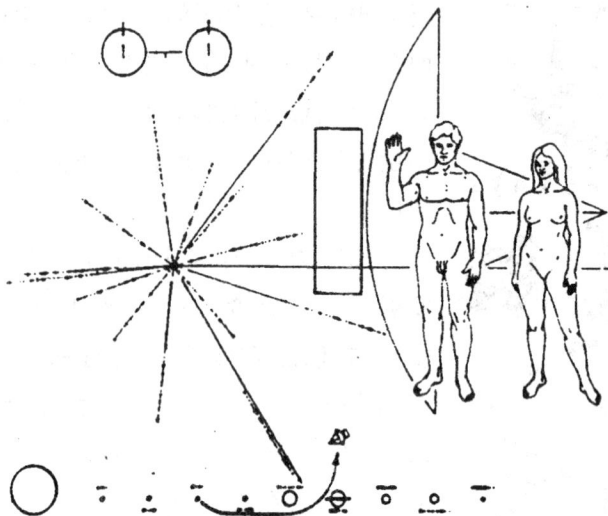

"先驱者"号所带的金属牌的图像

"旅行者"号携带的中国长城照片

能大发展；探测外星人也多少冒着风险，因为我们还不知道外星人是敌人还是朋友？会不会引"狼"入室，或者带来危害人类的病菌和其他邪恶的东西？！

探测外星人必须立个规矩，以防止某些人为了垄断将来的智能大发展而垄断外星人的探测，特别是封锁第一次探测到的信息，或者由于害怕可能产生恐慌而隐瞒首先得到的信息。目前，一个国际小组正在起草一份全球协议，规定任何人侦察到外星人的信息，应通知同事、各国际机构和公众，并共同拟订答复外星人的信件方案。

在茫茫宇宙中觅取知音，是地球人类的共同事业。也许你将来的工作与探测外星人关系不大，但到时可别放弃分享成果和欢乐的权利啊！

以上，我们讲的都是和平利用航天技术的问题。接下去我们要讲航天技术的另一面，用于军事作战的导弹核武器。

威胁人类的核导弹

　　航天事业并不都是使人微笑的事业。尤其是航天事业的基础——现代火箭技术，一开头就是为军事服务的，第二次世界大战中，法西斯德国发射的火箭曾经给英国和比利时等国人民造成过巨大的精神和物质损害。

　　先讲一个故事。1942 年 10 月，纳粹德国的 V－2 火箭试验成功。从 1944 年开始，希特勒加紧部署这种火箭，秘密建造了许多发射场。这年 9 月初，已将 V－2 火箭竖立在发射台上，待命袭击英国伦敦和盟国的主要卸载港口——比利时的安特卫普等目标。英国虽然获得过德国可能拥有一种新式武器的情报，也派飞机到部署了 V－2 火箭的地区上空侦察过，并将 V－2 火箭拍进了侦察照片，但经过专家们反复地分析研究，火箭发射场被认为是正在兴建的工厂，垂直竖立的 V－2 火箭被误认为是工厂的烟囱。因此，对法西斯德国 V－2 火箭的首次袭击，毫无准备。9 月 8 日下午 6 时 43 分，当第一枚 V－2 火箭在伦敦附近的泰晤士河畔奇齐克爆炸时，英国人还不知道是怎么回事。在那以后的 7 个月中，德国共同英国发射 4300 枚 V－2 火箭，造成 2742 人死亡，6467 人受伤。德国还向安特卫普港发射 V－2 火箭 2100 枚。

　　用现在的技术标准看，V－2 是相当原始的。它的飞行距离最远只有 270 千米，可靠性和命中精度不高，向英国发射的 4300 枚火箭，只有 1115 枚落到英国国土上，破坏力不大。但苏、美在 20 世纪 50 年代末从 V－2 基础上发展起来的导弹武器，可以从一个洲打到另一个洲，所以叫洲际导弹。可靠性和命中精度也大大提高。更可怕的是，它能携带原子弹和氢弹，这就使核炸弹长上了翅膀。洲际导弹似乎使武器发展到了顶峰，曾被认为是一种不可防卸的"终极武器"。

"V－2"火箭

"顶峰""终极"的说法并不完全是"庸人自扰"。大家知道，原子弹是一种很厉害的武器，它的爆炸威力比同样大小的普通炸弹高千万倍。它主要不靠弹片伤人，而是在空中和地面产生强大的冲击波，还有无孔不入、穿墙透壁的热辐射、光辐射和原子辐射。而氢弹（又叫热核弹）的爆炸威力又远远超过原子弹，一枚氢弹可彻底毁灭一座大城市。而携带原子弹和氢弹的洲际导弹，能在半小时之内飞行上万千米，也就是说，在片刻间，以迅雷不及掩耳之势，将核炸弹从地球的这一边送到地球的另一边。而当时的雷达技术，只能在它到来之前几分钟发现它，这怎么来得及防御？而且又用什么去防御啊！

洲际导弹也是一种运载火箭，只不过它装运的不是卫星、飞船，而是原子弹、氢弹。装有原子弹、氢弹的这一部分叫弹头。现在的洲际导弹，它的弹头（又叫母舱）中装有十几个小弹头（叫子弹

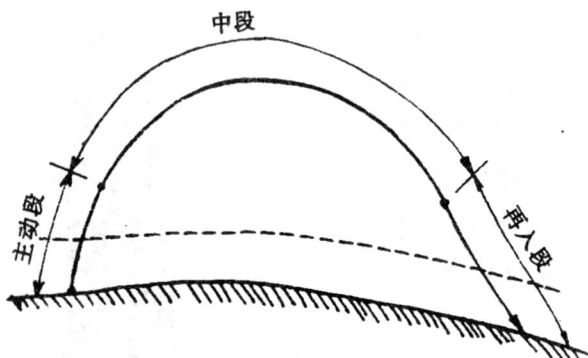

导弹飞行路线示意图

头），可分别飞向不同的目标。洲际导弹使用多级火箭，它们逐级工作，逐级脱落，把弹头送入高空。洲际导弹飞行轨迹的第一段为主动段，也就是火箭发动机工作时的一段，又叫助推段。火箭发动机停止工作（关机）后，洲际导弹进入第二段，即中段，又叫自由飞行段。它在惯性作用下仍然继续升高，当达到最高点时，开始向下滑行。这时各个子弹头被释放出来，而各级火箭都已掉回地球。洲际导弹已不是单个的导弹，而是一群各自飞向目标的小导弹。当这些小导弹下滑进入大气层（叫再入）时，洲际导弹进入第三段，即再入段，又叫末段。最后命中确定的目标，与地面相撞爆炸。

由于这种洲际导弹的飞行轨迹与大炮发射的炮弹的飞行轨迹相同，所以叫洲际弹道导弹。洲际弹道导弹一般用于攻击地面上的战略目标。如果它是从陆地上发射的，就叫地地洲际弹道导弹。这种导弹，平时放在地下掩体或地下井内。有的直接从地下井中发射；有的临时竖立在固定的发射台上发射；有的则由汽车或火车载运到最合适的地方发射（这叫机动发射）。机动发射的导弹隐蔽性好，敌方不容易发现，因而遭受攻击的可能性小，生存能力高。

机动性、隐蔽性最好，生存能力最高的是潜射洲际导弹，即潜水艇从水下发射的洲际导弹。它可以称得上是一支核武器"游击

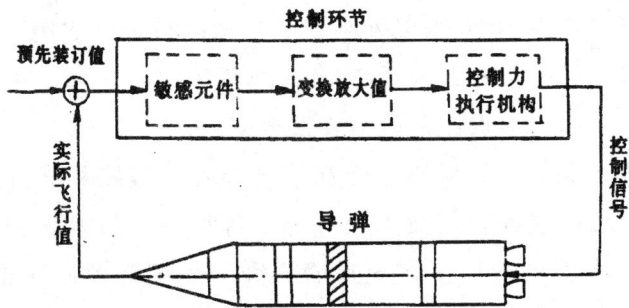

导弹制原理示意图

队"。凭借烟波浩森的海水的掩护，潜水艇既可灵活地避开敌人的袭击，又可以机动地开到最理想的地方袭击敌人。

各种导弹为什么能非常准确地命中目标呢？人通过眼睛等感觉器官，发现饭桌上的食物，然后大脑指挥双脚走近饭桌，再指挥双手攫取食物。飞机通过领航员领航和驾驶员的驾驶，才能从一个城市飞向另一个城市。导弹上也有领航员和驾驶员，那就是制导系统。当导弹的飞行轨迹与预定的轨迹发生偏差时，它的感觉器官（敏感元件）会感觉到这种偏差，并立即通知计算机（大脑），经计算分析，然后向控制执行机构（脚和手）发出命令，纠正偏差。这样，导弹就可按原定路线准确地飞向目标。

制导的方法很多，主要区别在于使用什么样的敏感元件发现飞行轨迹的偏差。利用陀螺仪和加速度表等惯性仪表测量导弹飞行路线偏差的叫惯性制导。主动段常用这种方法。在中段常用星光制导，就是用导弹上的星光跟踪器，对准选定的星体来发现导弹的飞行误差。在末段常用地形匹配制导，就是利用预先装在弹头中的目标区地形图与实际测得的地形比较，当出现偏差时立即纠正。巡航导弹能在低空中弯弯曲曲地飞行，绕过高山，避开拦截，扑向目标，用的也是这种导航方法。

目前飞行万里的洲际导弹，射击误差只有一二百米，这就相当于用步枪可以击中 1000 米以外小于乒乓球的目标，或用手枪可以击中 100 米以外的一只小蚊子。它运载的原子弹、氢弹，杀伤范围达几十和上百千米，这点误差就不算误差了。

除地地、潜射洲际弹道导弹和巡航导弹等战略核导弹外，还有中程、远程战略核导弹、战术核导弹。各种常规战术导弹，种类数以千计。在人类的摇篮里，充斥着导弹！美国和苏联两个核大国，各拥有核弹头一万多枚，这些核弹头的威力，可以将地球毁灭好几次！

现代的高技术战争，海、陆、空军使用的武器种类之多，令人眼花缭乱，但最主要的都离不开火箭、导弹和核武器。海湾战争也是如此。从一定意义上说，没有火箭和导弹，就难以进行现代的高技术战争。

人们一直要求裁减军备，尤其是核军备，特别是美、苏两个核大国的核军备。首先是全面禁止核武器，进而彻底销毁核武器。经过几十年的漫长谈判，美、苏两国终于 1987 年 12 月签署了一个全部销毁中短程核导弹的条约。这是一个良好的开端，我们希望随之而来的是全面销毁远程和洲际导弹核武器。

美国阿衣华级战列舰发射"战斧巡航导弹

"星球大战"

20世纪末的一天清晨，美国的导弹预警卫星发现苏联瞄准美国的1000枚洲际导弹正在点火起飞。战略防御司令部立即启动天上的、地上的激光和粒子束等武器，一道道粒子束和反射镜折射的激光束射向刚要离开发射台的导弹。结果，有900枚导弹没有能够离开发射台。但是，另100枚导弹迅速起飞上升。于是，美国又进行第二轮反击，又将90枚导弹摧毁。剩下的10枚导弹进入自由飞行段。这时，运送弹头的火箭发动机已经熄火，火箭壳体已经抛掉，美国使用最先进的跟踪设备死死地盯住变小了的10枚导弹。很快，这些导弹就释放出子弹头和假目标，10枚导弹即刻变成100多枚小导弹，混杂在大量的假目标中，迅速地向美国飞来。于是，美国的电磁轨道炮、灵巧导弹也参战，与激光武器、粒子束武器一起，在真假目标识别器的指引下，拦截进攻的小导弹。太空中一道道闪光夹杂着劈劈啪啪的碰撞声。结果，大部分真弹头被摧毁了。但是，还剩下10枚弹头，迅速冲进大气层，扑向各自选定的目标，形势十分紧急。这时，美国除了天上的定向能武器和动能武器继续拦截外，又从地面上和飞机上发射大量的反导弹武器。非常幸运，又将9枚弹头摧毁了，只有一枚落向地面，击中一个不很重要的目标。经过30分钟的紧张战斗，使美国免受一场核劫难。可一些美国人这时还

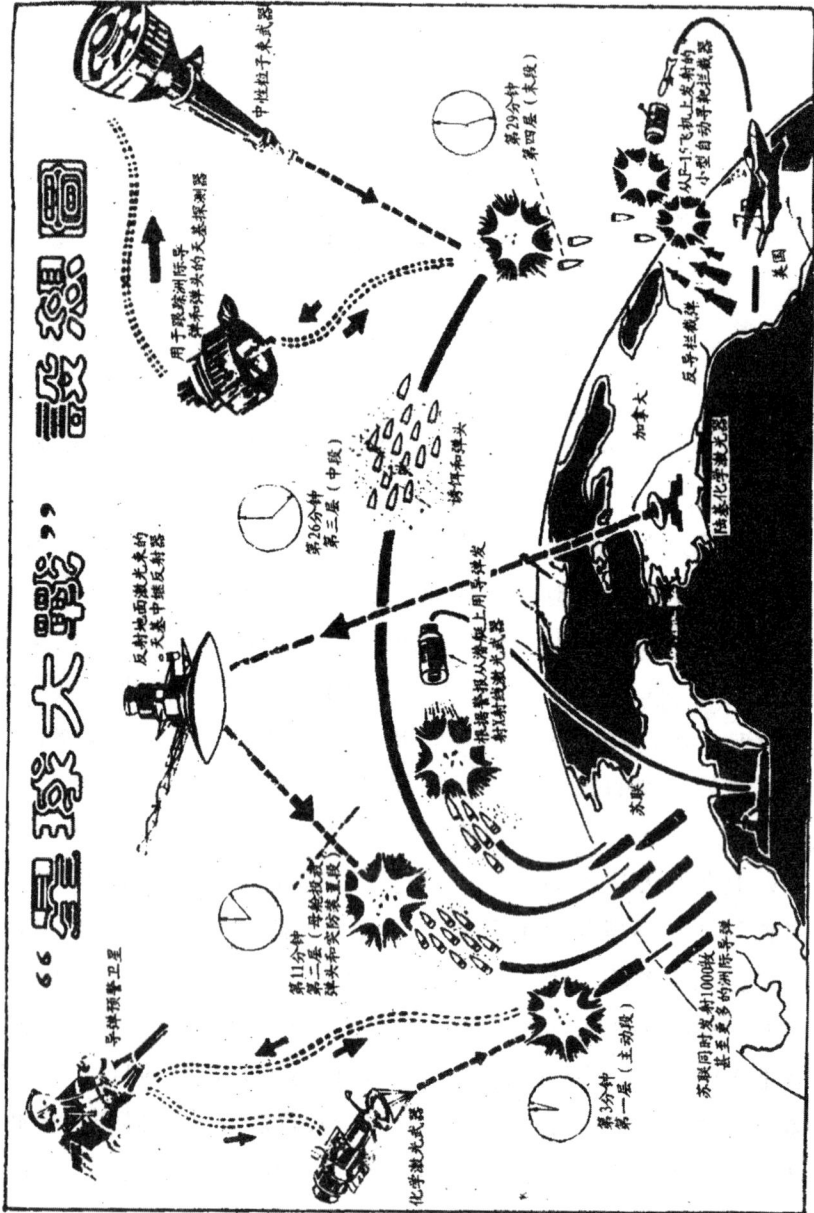

"星球大战"示意图

在睡大觉呢！而美国总统却在与高级助手们紧急磋商，如何向苏联发射导弹回击……

这是20世纪80年代初美国总统里根对防御苏联导弹核武器进攻的设想，叫"战略防御创新"计划。由于是要在太空打仗，所以被人们形象地称为"星球大战"计划。美国为搞"星球大战"计划，在全国动用的科技力量，比制造原子弹和搞阿波罗登月时还多。原计划90年代中期开始第一阶段部署，21世纪初部署完成，所花的钱估计要以千亿计算。里根的目的是想要撑起一把大大的保护伞，使苏联的核导弹在落到美国国土上以前就被消灭掉。用里根的话说，是要"使（苏联的）核武器不起作用"。

导弹核武器是一种不可防御的"终极武器"，美国为什么还要搞这个防御计划呢？

有矛也有盾，事物总是辩证地向前发展的，不可能有什么"终极武器"存在。随着科学技术的进步，导弹核武器也是可以防御的。那么，如何摧毁进攻的导弹呢？

导弹的最大弱点是它的点火起飞和向上爬升阶段，因为这时导弹喷射明亮的热焰，最容易被发现；导弹在稠密的大气层中加速上升，经受巨大的过载，受攻击时最容易损坏；运载火箭还没有脱落，目标大；还没有释放出子弹头，要打击的目标少。因此，点火和助推飞行段是攻击导弹的最佳时机。但是，这个阶段一般只有3～4分钟时间，如何来得及进行攻击呢？"星球大战"计划设想的办法是，在太空中部署许多预警和跟踪识别卫星，不间断地监视地面的动向，同时部署许多战斗站，一旦发现苏联的导弹点火，就立即进行攻击。

美国设想用于"星球大战"计划的主要武器有两类：一是激光和粒子束等，由于它们是将能量高度集中射向目标，所以叫定向能武器。激光束、粒子束是以光速前进的，所以很容易抓住导弹。它们虽然不能完全摧毁导弹，但能把导弹烧穿或破坏导弹的电子设备等。另一类是灵巧导弹、电磁轨道炮和智能卵石等，由于它们靠高速飞行产生的巨大动能击毁导弹，所以叫动能武器。灵巧导弹等的速度可达到每秒钟26千米，比导弹的速度快3～4倍，所以它能很快追上并击中导弹。以这样高速飞行的塑料丸，也能穿透2～3厘米厚的钢板。所以动能武器很容易把导弹摧毁。

里根为什么想出这样的"战略防御创新"计划来呢？

嗅，这是时代和科技发展的产物，不是里根脑子里想出来的。不同时代，不同的科技水平，有不同的军事防御战略。

在使用大刀、弓箭等武器的时代，在边境上驻扎军队，开田种地，长期驻守（这叫屯田守边）和修万里长城，拒敌于国门之外。这是当时最好最有效的防御战略。

有了飞机、大炮以后，屯田守边和万里长城不完全管用了，于是又出现了挖掩体、修地道、打游击等防御战略，以保存自己，消灭敌人。

有了洲际导弹，而暂时又没有找到制服洲际导弹的方法时，进攻就成了最好的防御战略，所以当时前苏联和美国搞裁军谈判，越

激光武器

粒子束武器

谈进攻的核导弹越多。因为有一条原则叫"确保互相摧毁"。就是说，各方都应有保证能摧毁对方的能力。认为有了这种"均势"以后，谁也就不敢轻易地挑起战争。人们把这称为"恐怖的和平"。这条原则说白一点就是：只要打起来，反正谁也活不了，索性大家都死，我死你也死。

后来核导弹也是可以防御的了，当然就会有人不满足同归于尽的结局。于是就有了里根的"战略防御创新"计划。这个想法的实质是，如果能使你的核导弹不起作用，等你的核导弹打光了，我的核导弹还没有使用。这时，我有充分的理由来个"后发制人"，向你发射大量的核导弹，也许就会"你死我不死"了。你看，这样一来，事物正好倒了个个，战略防御成了最好的战略进攻。

当然，这只是一厢情愿的想法。实际事物仍然会按"有矛必有盾"的规律发展。苏联可以采取许多反"星球大战"计划的措施。如在轨道上布放大量的太空雷，使美国的预警卫星，跟踪识别卫星，

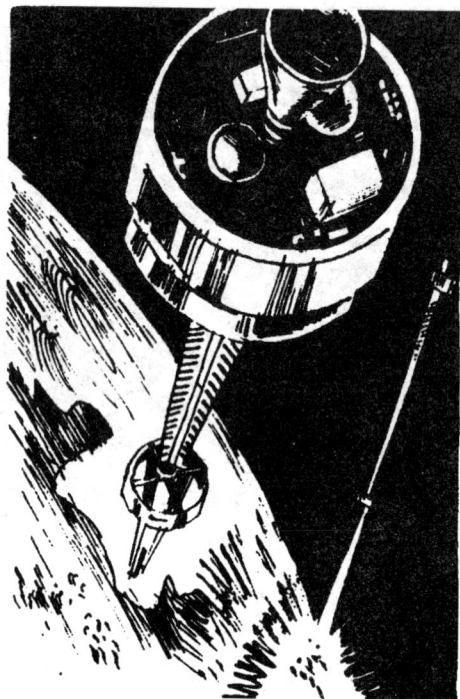

电磁炮

发射粒子束、激光、轨道炮、灵巧导弹、智能卵石的太空战斗站、激光反射镜以及通信指挥站等等触雷爆炸。或同样用定向能武器、动能武器和反卫星卫星将上述太空军事设施摧毁。这些都是针锋相对的积极措施，还有比较省钱的消极措施。如缩短导弹的点火起飞时间，提高导弹的飞行速度，使导弹更难被发现和拦截；增加导弹和弹头的数量，使你防不胜防；施放大量逼真的假目标，使你真假难辨；实施干扰，使你无法识别、跟踪和通信指挥失灵等等。虽然这些措施也是可以对付的，但是需要花更多的时间和金钱，需要研制更先进的设备。

"星球大战"计划是太空军事竞争的产物，并刺激太空军事竞争升级。所以它一出笼，就在美国国内和全世界引起强烈的反响和激烈争论。许多人，其中包括大批科学家反对"星球大战"计划。随着苏联的解体，"星球大战"计划的防御目标有所改变，重点用来保护美国本土、海外军事基地和盟国免受来自第三世界国家数量较大的战略、战术导弹的局部攻击。人类不要"星球大战"，而要"星球和平"。随着"冷战"的结束和国际形势的缓和，我们希望航天技术为人类造福。宇宙空间应该是和平的宇宙空间。让我们为和平利用宇宙空间而努力发展航天事业！